U0111962

大展好書 好書大展

大展好書 好書大展

休閒娛樂

5

狗教養與疾病

磯部芳郎
杉浦　哲／監著
劉 小 惠／編譯

大展

出版社有限公司

前言

愛狗的人都希望和狗共度舒適的日子。不過人和狗能夠快樂生活的二大保證就是，在社會生活中必須遵守的規則，並且從幼犬期開始就必須要好好地教養，再繼續訓練的話，就能發展狗的個性。

另外一點就是在飼養上進行愛犬的「管理」。當然必須注意狗的健康。有很多疾病只要擁有相關知識就能夠加以預防。

本書為了讓飼主了解愛犬的日常教養及管理的重要性，因此以探討此二大主題為主。包含能夠過最低限制生活的基本教養法，以及健康管理和易罹患之疾病的知識與預防。飼主以及今後想要飼養狗的人都可藉由本書獲益，希望能有更多人喜愛你的愛犬，且愛犬充滿活力。

磯部芳郎
杉浦　哲

目錄

前　言……三
第一章　了解愛犬
了解愛犬……一四
接觸了解……一四
優秀的返家能力……一六
了解狗的心情……一七
動作是「語言」……一七
飼養愛犬前……二三
擁有明確的目的……二三
是否能遵守四項原則?……二三
了解狗的習性……二四

第二章　高明訓練愛犬

教養是飼主的情愛……三〇
重要的三種心態……三〇
屋外飼養的重點……三二
在室內飼養的重點……三三
從出生後三個月開始的教養……三四
決定規則……三五
基本教養〈責罵、稱讚〉……三六
利用聲音和動作讓愛犬了解……三六
掌握個性加以訓練……三八
廁所的訓練……四〇
徹底進行排泄的訓練……四〇
決定擱置場所……四一
三個時機……四二
廁所的工夫……四四

飲食的訓練……四六
遵守量與時間……四六
用餐時是訓練的機會……四七
溺愛是疾病的根源……四八
散步的訓練……五二
藉著散步煥然一新……五二
運動從出生後六個月開始……五三
配合用途使用項圈……五四
利用散步練習……五六
公寓的訓練……五八
飼養適合室內的犬種……五八
應遵守的四項原則……五九
狗隨意亂吠原因何在?……六〇
防止狗惡作劇的訓練……六二
單獨生活的訓練……六四
和狗快樂生活……六四

不在時教導狗「等待」……六五
遵守規則才是狗的喜悅……六六

第三章　＜階段式＞基本訓練

開始訓練之前……七四
需要訓練的原因……七四
稱讚訓練……七五
開始訓練的時期……七六
傳達意思的「拉繩」……七七
教養訓練的基本用語聲符與視符……七八
語言、訊號統一……七八
Ｓｔｅｐ１「很好、很好」「不行」……八〇
訓練的基本有二項……八〇
Ｓｔｅｐ２「坐下」……八二
坐下是訓練的第一步……八二
做得不好時要保持冷靜……八四

Ｓｔｅｐ３「等等」……八六
教導犬一直等待……八六
利用親膚關係轉換心情……八八
Ｓｔｅｐ４「趴下」……九〇
預備的最佳姿勢……九〇
Ｓｔｅｐ５「過來」……九二
狗被叫喚覺得快樂……九二
Ｓｔｅｐ６「跟著」……九四
基本方法是放鬆拉繩……九四
室內犬的訓練……一〇〇
能夠自由遊玩的場所……一〇〇
狗屋的教導方法……一〇二
教導牠「狗屋」……一〇二

第四章　愛犬的健康管理

健康從護理開始……一〇八

「護理」必須養成習慣……一〇八
刷　毛……一一〇
調理毛……一一一
「擦拭」就好像淋雨一樣……一一三
犬爪的護理……一一四
牙齒的護理……一一五
耳朵的護理……一一六
調理毛……一一七
洗澡的方法……一一八
食物的給與方式……一二〇
均衡的飲食……一二〇
配合成長的次數……一二三
知道狗的體重……一二三
四季飲食的工夫……一二四
利用狗食……一二六
老犬的餵食法和幼犬相同……一二七

健康管理時間表……一二八
遵守四項原則……一二八
心理是健康的基本……一二九
兩項基本檢查……一三〇
骯髒是異常的訊號……一三二
預防可怕的傳染病……一三四
做去勢、避孕手術……一三五
利用散步觀察健康度……一三六
居住環境的照顧……一三七

第五章　觀察疾病的訊號

疾病的訊號……一四四
疾病是飼主的責任……一四四
檢查食慾……一四五
症狀別檢查重點……一四六
掌握異常的訊號……一四六

沒有食慾／沒有元氣／鼻子乾燥／嘔吐／流口水／下痢／尿的異常／咳嗽／舔身體／掉毛／眼屎／抓耳朵／摩擦臀部／走路方式怪異／痙攣、抽筋／口臭／呼吸紊亂／喝很多水
立刻能進行的緊急處置……一六六
急救對策三項原則……一六六

第六章　疾病的預防與家庭看護

疾病的預防與照顧……一七二
可以用管理防止的疾病……一七二
皮膚病的預防、處理……一七四
寄生蟲的預防、處理……一七六
跳蚤、蟎的預防、處理……一七八
中毒的預防、處理……一八〇
體溫和脈搏的測量方法……一八二
幼犬的疾病與預防、處理……一八四
老犬的疾病與預防、處理……一八六

處理和健康管理……一八七
受傷的預防與處理……一八八
藉著注意力防止意外事故……一八八
受傷的處理……一九〇

第七章　容易罹患的疾病知識

狗容易罹患的疾病……一九六
能預防的傳染病／皮膚疾病／鼻子的疾病／口腔的疾病／耳的疾病／眼睛疾病／寄生蟲所引起的疾病／消化器官的疾病／呼吸器官的疾病／泌尿器官的疾病／生殖器官的疾病／循環器官的疾病／管理不完善而引起的疾病／代謝性疾病／腦部疾病／腫瘤／關節、骨的疾病

重點專欄

不要忘記掛狗牌　28／受人歡迎的犬種是西施犬　72／訓練與禮儀　106／照顧和費用　142／健康管理與費用　170／犬也需要花錢　194

Q&A

飼養前的Q＆A　26／教養的Q＆A　70／訓練的Q＆A　104／管理的Q＆A　140／疾病的Q＆A　168／預防的Q＆A　192

第一章

了解愛犬

了解愛犬

●狗的特性、能力

●了解愛犬的動作及愛犬的心理

●仔細觀察身體語言

接觸了解

不斷用鼻子摩擦你、隔著門縫往裡面偷看、不斷搖尾巴、舔你的手和臉……。看到愛犬的動作時，應該會有各種發現。和愛犬生活在一起，不僅是說「好可愛呀！」必須要互相接觸以了解牠的想法，如此一來，和愛犬的生活就能變得更快樂了。

首先，必須了解愛犬身體的特性。雖說嗅覺敏銳，但是到底具有何種能力呢？此外，狗是用整個身體表現心情的動物，每一種動作到底訴說些什麼呢？如果能加以了解、互相溝通，則在教養及健康管理上也能加以活用。

所以，為使雙方好好地相處，一定得先學會「愛犬的話」，了解愛犬的心，才是舒適生活的第一步。

■狗的五感非常敏銳——狗的特性

●視覺（眼）

左右眼分開，朝向外側，因此250度到280度當然納入視覺內。可是狗卻是近視兼色盲。視力很差，但對於動的東西非常敏感。網膜內有反射膜，因此黑暗中的東西也能看得很清楚。晚上也能行動。

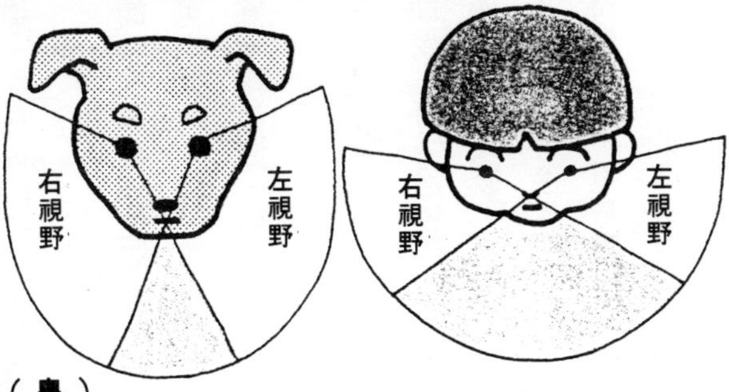

●嗅覺（鼻）

據說鼻子是狗的生命。嗅覺非常敏銳。鼻部聚集了二億二千萬個感覺氣味的細胞，為人類的四十倍。嗅覺能力為人類的一百萬倍到十億倍。因此能擔任警犬和緝私犬的任務。

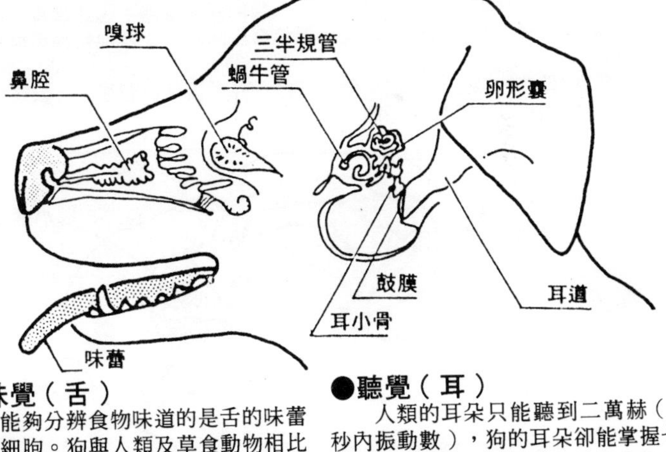

●味覺（舌）

能夠分辨食物味道的是舌的味蕾神經細胞。狗與人類及草食動物相比，味蕾並不發達，可算是「味道白癡」。不過有很多美食犬並非靠味蕾辨別味道，而是靠氣味加以辨別。

●聽覺（耳）

人類的耳朵只能聽到二萬赫（1秒內振動數），狗的耳朵卻能掌握七萬赫。所以很遠便能分辨主人的腳步聲。即使熟睡時，聽覺也能發揮作用，因此能夠擔任看門的工作。

優秀的返家能力

大家都知道，狗具有很好的回家能力。

在我開業的時候，有一隻罹患絲蟲症的雜種長耳可卡獵犬，動了心臟外科手術，幸而平安無事撿回一命，恢復了元氣。

但是，飼主不想再飼養牠，和可愛的孩子含淚道別後，將牠送往距離二十公里遠的東京郊外。三天後，抱病在身的狗回到疼愛牠的飼主身邊。

關於狗的傳聞雖多，但是即使犧牲生命也要回到主人身邊的本能異常優秀，的確很難讓人理解其中的道理。

■狗的大腦

哺乳動物的腦有稱為「大腦邊緣系」的組織。邊緣系與生俱來會發揮精神作用（心理的作用）。狗的邊緣系和人類的同樣發達。因此具有母性愛、體貼、同情、骨肉至親等情愛表現。過社會生活時，比其他動物更能展現情愛行動。

據說狗具有人類四至五歲兒童的智能。具有良好的記憶力、對應力和順序性。只要訓練就能發揮這些能力。

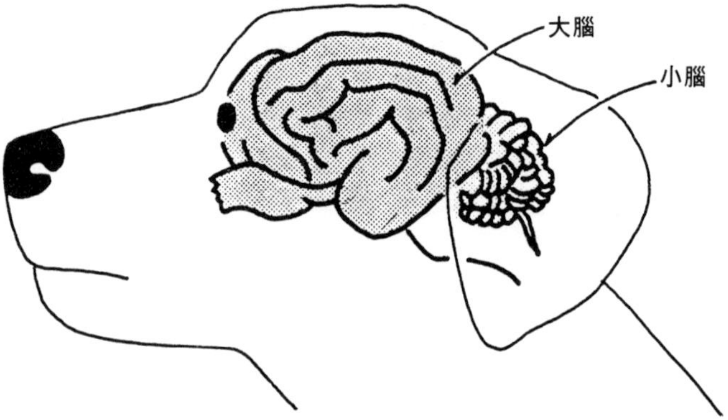

了解狗的心情

打開門說著「我回來了」，愛犬可能會哼叫著跑到你的身邊。當你摸著牠的頭說「你看家看的很好喲！」牠可能會高興地纏著你。

到了散步時間時，有的愛犬就會跑到飼主的身邊，或是叨著拉繩走過來，好像對主人說「帶我去散步嘛！」有的愛犬則會叨著食器來告訴主人自己肚子餓了。由此可知，狗能表達自己的意志。

高興時狗會露出微笑的臉，被飼主叱責時垂頭喪氣反省的狗也有。對於這些狗的心情要充分地了解。

如此一來，便可建立愛犬和飼主間無可取代的信賴關係。對於教養和健康管理而言也是重點所在。

動作是「語言」

有沒有想過狗對我們人類有什麼樣的想法呢？

哼著走過來的狗，或是仰躺在地上睡覺的狗，透過各種動作表現出心情。狗雖然不會說話，但是每個動作都代表牠們的語言。飼主應仔細觀察這些動作，掌握牠的心情。就好像對待一個還不會說話的嬰兒一樣……。

掌握狗的心理的重點在於分辨牠低吼與哼叫的行為。為什麼會哼叫一定要加以理解。是肚子餓了？還是哪裡痛？

每天觀察狗的話，就能從牠的叫聲中掌握訊息。

和愛犬說話

—狗的語言集①—

狗利用整個身體表達自己的心情，了解狗的語言，一起快樂地生活！

《打招呼》

「早」、「回來了」、「謝謝」。狗的打招呼行為是舔人的臉或手，高興地搖尾巴。當牠飛撲過來時要抱著牠，讓牠了解你的高興。

《握手》

表現親愛之情時會伸出前足「握手」。「握手」是狗的拿手技巧，要好好和牠握手。

《高興》

用餐和散步對狗而言是快樂的時間。高興時會不斷搖尾巴、扭動身體，有時會做出笑的表情。

《撒嬌》

當狗哼叫著到你的身邊時不要趕走牠，和牠建立親膚關係。

《遊玩》

來到人的身邊，舉起一隻前足，或是飛撲過來，輕輕跳躍，想找你一起去「遊玩」。

《這是什麼》

覺得有點怪怪的，感覺有點不可思議的時候，會和人類一樣，側著頭思索。

《感覺有趣》

好奇心非常旺盛。對於陌生的動物或昆蟲等會動的生物會加以凝視、豎耳傾聽。慢慢地搖動尾巴、有點緊張，緊盯著生物瞧。

和愛犬說話

——狗的語言集②——

叫聲就是說話聲，仔細聆聽就能了解愛犬的心。

《汪汪》（吠叫聲）

打招呼的聲音、感覺高興或好玩，但是聲音變得尖銳或豎起尾巴時，就表示「警戒、注意」。

《鏗鏗、磬磬》（鼻聲）

「肚子餓了」、「想要去散步」等撒嬌、拜託的聲音。

《啊啊》（歡呼聲）

感覺很舒服、安心，在那不停打轉，心情高興時。

《嗚》（呻吟聲）

威嚇、鼻子上出現皺紋、呲牙咧嘴地威脅對方。有時候會使身體看起來更大，連毛都會倒立。

《鏘鏘》（高鳴聲）

打架失敗逃走或是身體疼痛時。

《汪、嗚——嗚》（遠吠）

叫喚在遠處的同伴，確認連帶感。據說這是昔日狼群聚集所留下的習性，現在還留在狗的身上。

飼養愛犬前

●了解飼養目的

●飼養開始到最後，都要秉持情愛養育牠

●了解習性，和狗好好相處

擁有明確的目的

首先要知道自己為什麼要飼養狗，要有明確的目的。

例如：

●為了進行孩子的情操教育
●自己生活，希望有個伴侶
●當成導盲犬、導聽犬
●訓練獵犬

理由有很多。一旦飼養後，可能要一起生活十五、六年。因此，絕對不要輕易飼養後隨便丟棄，否則狗就可憐了。

此外，家庭中如果有人反對，就沒有辦法進行好的訓練，也沒有辦法培養好性格的狗。所以，重要的條件是全家人都要喜歡狗，將牠視為家庭成員般飼育。

●犬的各種作用

●成為家中的一員　●成為導盲犬　●成為獵犬

是否能遵守四項原則？

「隨時擁有覺得愛犬可愛的想法」

這是動物愛護週的標語。如果認為「我們家的狗是老犬，所以想改養隻幼犬」，對狗而言是非常失禮的事情。家人年紀大了以後，你就會丟棄他嗎？也就是說，如果沒有明確的飼養動機，就可能產生以上的想法。

飼養時一定要遵守以下的原則：

●不要因為暫時的情緒而飼養

●要擁有與狗相處的時間，才是情愛表現

●絕對不能放任不管

●關心狗的健康管理、預防疾病

沒有體貼之心者不能養狗。不要認為餵牠吃東西、給牠喝水就夠了。餵食時要以慈愛的心情說「來吃東西吧」，用真心對待牠才是最重要的一點。

了解狗的習性

「罵牠也不聽，而且會反抗，我已經討厭狗了。」

有些人會有這種感嘆。不懂得飼養的人不了解狗的習性，因此會一直產生問題。

為了與狗過著舒適的生活，首先一定要了解狗的習性和社會性。

＜狗的習性、社會性＞

●服從領導者

狗原本就是群居行動的動物。

領導者之下有嚴格的階級分類。對於比自己強的對手會絕對服從，因此飼主必須擔負團體領導者的任務。在家庭中狗是最低的階級。

●擁有勢力範圍

散步途中，狗會到處小便。這個「記號」是標示牠的勢力範圍。

一旦有陌生人或其他動物進入勢力範圍時，就會做出保衛勢力範圍的行動。

●警戒心強

即使是可愛的狗對於其他人或其他動物也會抱持強烈的警戒心，感覺危險時會採取防衛行動。

●追逐逃跑者

對狗而言，獵物就是逃跑者和弱者。捕捉獵物是承襲野狼時代的習性。看到狗拔腿就跑，狗會緊追在後的理由即在於此。

●喜歡挖洞

這也可說是承襲祖先野狼習性的表現。為避免比自己強的動物取走獵物，因此會挖洞做巢來隱藏食物。

■狗是這種動物

了解狗的習性才能進行高明的訓練

●服從領導者

●擁有勢力範圍

●警戒心高

●追逐逃跑者

●喜歡挖洞

Q 屋外、室內何者較好？

飼養雜種幼犬不知在屋外或室內飼養較好？在飼養上，對狗而言何者較好？

A 雜種犬像柴犬或牧羊犬，一年有二次換毛期，在室內飼養較不好。

瑪爾濟斯犬、博美犬或西施犬等室內犬可在家中飼養。不論是附有血統證明書的純種犬或雜種犬，既然成為家中的一員，就要全心付出情愛飼養。

屋外犬與室內犬相比，較容易短命。理由是較容易被蚊子叮咬，置於戶外由於天候或其他環境的影響會承受較多的壓力。

Q 公狗和母狗何者較易飼養？

住在大廈中想飼養小型犬。公狗和母狗何者較容易飼養？

A 如果做過去勢或避孕手術的狗，不論公狗或母狗都可以，可以按照個人喜好和想法來決定。

以教養方面來看，公狗即使擁有很好的排泄教養，仍經常會在屋內的柱子或角落「做記號」，如此一來非常麻煩。因此母狗較易飼養。當然，需先做避孕手術。

Q 好的幼犬的分辨法是什麼？

別人要讓一隻幼犬給我，如何分辨好的幼犬？

A

首先是檢查身體的骯髒度。如果眼睛周圍不髒、眼睛清澄、有光輝，就可以了。也要觀察鼻子、耳朵、肛門周圍的骯髒度，身體較胖而又柔軟，抬起來時較重的狗較好。吃得好、玩得好、排泄良好才是健康的幼犬。

其次，可以觀察狗性質的好壞。放在桌上時要牠「下來」，這時搖搖尾巴飛撲而下的狗就是具有好性格的幼犬。

●膽小、粗暴
●緊張過度會失禁
●具有攻擊性
●難為情

這些狗都不適合當成家庭犬。既然要和家人相處十年以上，成為家庭之一員，一定要選擇有元氣、性格較好的幼犬。

Q 血統證明書有何效用？

想要讓出一隻帶有血統證明書的柴犬，但是沒有人要，感到很困擾，難道血統書沒有效用嗎？

A

老實說，如果是成犬的話的確沒有人要，即使擁有血統證明書。以飼養者的觀點考量，認為雜種狗的幼犬較容易飼養。我不知道你為什麼要放棄愛犬，可能是飼養狗的動機或目的錯誤吧！

如果不是展覽會所出示的血統書，則只能把它想成是一張紙而已。不要喜愛品種，應該要喜愛狗才是正確的想法。

●重點專欄●

不要忘記掛狗牌！！

根據日本厚生省獸醫衛生科的說法，狗的全國登錄總數有411萬4874隻。但這是登錄在衛生所的犬數，因此包括未登錄的狗在內，數目將更多。

如果有登記的狗領有狗牌，飼主的義務就是為狗掛上狗牌。如果未掛狗牌，一旦愛犬迷路時，不知該如何歸還飼主。因此，飼主有責任為愛犬掛上狗牌，否則無法處理的狗，最後只好被處分掉。所以，既然飼養狗，就要一直好好照顧牠，飼養到最後為止，這是飼主的義務。因此，千萬別忘了為愛犬掛上狗牌！

第二章

高明訓練愛犬

教養是飼主的情愛

●成為愛犬信賴的領導者

●教養從出生後三個月開始

●進行健康管理是飼養主的產品

重要的三種心態

飼養愛犬時——

●不會為他人帶來麻煩

●進行健康管理

是鐵則。為了不對他人造成麻煩，幼犬時就要徹底地教養。

來我這兒的狗當中，有的粗暴而無法為牠進行注射，有的狗會咬人，這些問題起因於幼犬時，飼主未好好地教養而造成。

為了培養性格好的狗，所有家人都要以情愛對待牠，這才是建立好教養的重點。不可以搞錯的是，「寵愛」與「情愛」是完全不同的。

例如，不可一味給愛犬牠喜歡吃的東西，否則會培養出任性的狗。雖然自以為是體貼愛犬，卻會養成不良的習性，這是一種「寵愛」

■狗來的這一天應該做的事——讓疲倦的狗充分地休息

●上廁所

醒來後讓牠去上廁所，事先想好廁所的理想位置。

●狗屋

在狗屋中放入有幼犬氣味的毛巾等。

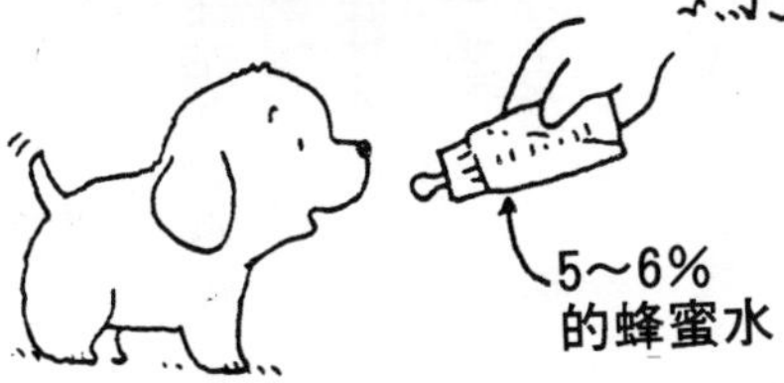

●飲食

如果不吃東西時，可在100CC的水中加入一大匙蜂蜜（5～6%濃度）讓牠喝。

。真正「情愛」的對待方式是該嚴格的時候要嚴格，該溫柔時就溫柔稱讚，才是培養好狗的必要條件。為了有效教養，應遵守以下原則：

●對愛犬抱持深切愛護之心，經常以穩定的態度對待愛犬。

●教養時保持冷靜的態度，不可歇斯底里。

●飼主要成為好的領導者。

如果不明白誰是真正的領導者，無法得到狗的信賴。狗只有在被信賴的飼主叱責時才會反省。相反地，被不信賴的人叱責時會反抗，甚至助長牠不良的性格。

屋外飼養的重點

家族一員必須整天在外生活，因此必須為牠建立良好的環境。要創造一個你自己待在庭院也覺得舒服的環境……。這對於整天待在狗屋中的狗而言，是最重要的一點。

為了讓愛犬舒服地在戶外生活，必須注意以下幾點：

●狗屋要放在能夠聽到家人聲音的客廳旁。
●選擇陽光充足、通風良好處。
●建造狗屋時要多花點工夫，避免受到暑熱、雨水、寒氣、濕氣等的影響。
●徹底進行防跳蚤、蟎、蚊等的防蟲對策。
●考慮到恐怕無法散步時才讓愛犬排泄，最好在狗屋旁設立沙場。
●花點工夫，讓狗在即使被拴著時也能充分運動。

■在屋外飼養時

●狗屋必須放在通風良好、朝南的位置

●設置砂場當成廁所，而且能在庭院中運動

●防跳蚤與蚊蟲。

在室內飼養的重點

不僅是小型犬，最近中型犬和大型犬飼養在室內的情形也增加了。因為環境已經調整到能讓人類和狗都能舒適地生活。因此，必須注意包括附近鄰居在內，都能舒適生活的環境。

最重要的是在狗來家中之前，要將廁所、狗屋全部準備好，事先決定擱置的場所。

- **●一旦決定了場所，不要輕易移動。**
- **●不要將狗當成珍貴的玩具對待。**
- **●建立安靜的環境，讓狗安靜下來。**

只要遵守以上原則，就能進行好的教養。剛來到家中的狗不管在任何條件下，首先一定要讓牠靜靜地休息。

在陌生的環境中會感到很疲倦，因此，要讓牠擁有充足的睡眠。

■在室內飼養時

●不要任意變更廁所或狗屋的位置。

●不要當成玩具對待。

●在寧靜的環境中讓狗安靜下來。

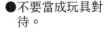

從出生後三個月開始的教養

幼犬離開母親以出生後第二個月為標準。在性格的形成上，到這個時期為止必須充分享受母犬的情愛，否則無法成為好性格的狗。太早離開母犬的身邊，會成為不聽飼主吩咐的狗，由此可知母犬的情愛非常重要。

因此，為了培養性格好的狗，在出生後斷奶期的二個月之前一定要讓牠待在母犬身邊成長。

幼犬來的這一天可以進行上廁所的訓練。但教導分辨好壞事則最好等到幼犬三個月大以後開始。到了這個時候，做了壞事要加以叱責，讓牠記住什麼事不可以做。

在此期間就妥善教養牠，即能學會生活的基本原則，一輩子都不會忘記。

●領導者不可隨自己心情的好壞而責罵狗

●教養要從出生後三個月開始

決定規則

到底由誰進行訓練呢？如果家中有孩子而飼養狗時，因為訓練系統不同、不明確，會讓狗感到迷惑。

如果大家所說的話不一致，牠會不知所從，即使被責罵也會充耳不聞。

因此家人間要決定一位負責教養狗者。大家都要遵守他的規定及原則。如果領導者責罵而其他卻覺得「好可憐呀！」而保護愛犬時，無法建立良好的教養。

為避免這種「不一致」的教養，家人一定要統一辦法、全力合作，並且不可憑自己情緒的好惡而責罵狗。領導者一定要以充滿情愛之心與平常心對待愛犬。（參考三十七頁）

■教養的心態

●決定領導者，家人要遵從領導者。

基本教養<責罵、稱讚>

- 基本上「責罵」與「稱讚」要明確區別
- 掌握狗的個性，活用在教養中
- 事先決定全家人所使用的信號

利用聲音和動作讓愛犬了解

狗和人類的孩子一樣，不能只是責罵。因為害怕被責罵，因此就算是能做得很好的事情也會失敗。不論任何情況下，教養時都要秉持情愛，一邊稱讚牠一邊教導牠。

狗雖然不會說話，卻能充分了解人的態度和動作及聲調，可以藉著身體語言傳達自己的意志。因此，叱責時要以嚴厲的聲音讓牠了解，稱讚時要以稍誇張，例如「做得很——好嘛！」一邊撫摸愛犬，一邊稱讚牠。

訓練的基本是「責罵」與「稱讚」。狗可以觀察人的動作和聲音而學習。

重點是「稱讚」為九十％，責罵為十％，儘量稱讚愛犬吧！

■稱讚、責罵的方法<重點>

稱讚和責罵時一定要看著狗的眼睛，傳達自己的意志。

●稱讚時

摸牠的頭，接觸狗的肌膚，以誇張的語氣稱讚。

●責罵時

用嚴厲的聲音說「不行！」絕對不可以輕聲細語或是半途而廢。

掌握個性加以訓練

狗具有優秀的記憶力以及對飼主的服從心。巧妙利用這些特性加以訓練。重點在於叱責時和稱讚時要明確地加以區別。因為狗是藉著聲音和態度而了解一切，所以曖昧的態度會使狗混亂。

以專門術語而言，利用聲音讓狗了解稱為「聲符」，以觀看方式使狗了解稱為「視符」。稍後會詳細敍述，家人間要先決定這些訊號。

例如，狗做了壞事時，要統一使用強烈的語調說「不行」。聲符簡短明瞭。稱讚時用溫柔的聲音說「很好、很好」等，這些聲符如果不統一或好像發牢騷似的聽不清楚，就無法進行好的訓練。

狗並非因了解人類的語言而記住一切，而是藉著同樣語言（聲符）的條件反射和經驗的累積而了解一切。此外，隨著成長，狗也發展各自的特性和特徵。掌握狗的個性，巧妙地加以訓練吧！

以愛玩的狗和食慾旺盛的狗為各位介紹。

●愛玩的狗

在狗喜歡玩的遊戲當中把握機會，反覆教導牠「坐下」等等。

●食慾旺盛的狗

對於喜歡吃東西的狗而言，趁牠吃東西的時候反覆訓練，或是藉著點心等吸引牠的注意力。

成為成犬時就很難訓練，因此，幼犬期就要開始好好地訓練。

<訓練的十項基本要點>

①人類擔任領導者。
②秉持情愛對待狗。
③明確區別「責罵」、「稱讚」。
④責罵要當場進行，不可失去時機。
⑤做得很好時要稱讚狗，建立親膚關係。
⑥任意的體罰會造成狗偏差的性格。
⑦狗來的當天就要進行上廁所的訓練。
⑧訓練時要好好看著狗的眼睛。
⑨聲符要簡短，一旦決定好的語言不要再改變。
⑩不要隨著飼主的情緒變化而責罵狗。

●由人類擔任領導者

●不可任意體罰

●責罵應當場進行，
不可喪失時機。

●好好看著狗的眼睛

●做得很好時要稱讚狗，
建立親膚關係。

廁所的訓練

- 利用習性
- 掌握排泄的訊息
- 不要錯失良機
- 做得很好就要稱讚

徹底進行排泄的訓練

為使人類和狗都能舒適地生活，首先要徹底進行排泄訓練。尤其飼養室內犬時，若未加以妥善的訓練，將使居住的環境產生不好的氣味。

狗原本就是愛乾淨的動物。一旦排泄過後自己的氣味附著在某處，時間一久這個地方就會成為牠的廁所，反覆進行以後，較快的狗一天，較慢的二至三週內就會自己到固定的地方上廁所。藉著狗的態度，掌握排泄的訊息，不要錯失良機，趕緊帶牠到廁所去，做得很好就要稱讚牠。

如果狗隨意大小便就要對牠說「不行」，好好地教導狗，絕對不能歇斯底里地責罵。

■對於廁所的場所下工夫——清潔第一、容易收拾為第一考慮要件

●室內

可以擱置在走廊、樓梯角落等安靜的場所。

●浴室

有的狗不喜歡腳沾濕，因此要事先舖上報紙或寵物墊。

決定擱置場所

排泄的訓練要從決定廁所的擱置場所開始。在家中安靜、稍微暗的地方，像樓梯下或走廊角落、浴室或盥洗室等對狗而言能夠安靜的場所最適合。還有很多人認為陽台不會弄髒房間而加以活用。

但是，附近鄰居可能會埋怨「有惡臭」，因此，要噴撒消臭劑或是勤於更換墊子。

有的人會讓狗到戶外排泄，但是不可能每次都讓牠事先到戶外，所以只要讓狗在室內事先決定好的場所排泄，牠才不會感到迷惘。

在戶外飼養時，可以在狗屋旁做小砂場，讓狗排泄用。

三個時機

有的人會認為「廁所訓練無法做得很好」而感到煩惱，到底是什麼原因呢？應該要仔細考慮一下。

如果失敗一、二次後，你會不會移動廁所或任意責罵狗呢？

安置的場所是否和以前所生活的環境的廁所完全不同呢？

狗無法立刻適應新環境且具有不同的個性。絕對不能焦躁，要冷靜、溫柔、很有耐心地教牠。重點在於了解狗生理的排便、排尿的時機。

●清醒時　●用餐後　●運動後

要估算時機，帶狗去上廁所，做得很好就要好好地稱讚牠。

■**廁所訓練的重點——巧妙利用狗的生理現象加以訓練**

●禁忌

不要守在一旁觀看，要在較遠的地方觀察牠。

●運動、遊玩後

●用餐後　●清醒時

■廁所的訓練時間表

標　準	訓練方法的重點
狗來的這一天	清醒後抱狗到廁所的場所，教導牠「這裡是廁所喔！」做得不好也不能責罵牠。
第一週	用餐後、遊玩後、清醒後帶狗去上廁所要有耐心地教導。做得很好時要稱讚牠，讓狗記住自己的氣味。
第二週	觀察幼犬的狀況。試著讓狗自己去上廁所，如果做得很好要稱讚牠，就算失敗也不要責罵。再一次教導狗上廁所的場所。
第三週	學習較慢的狗應該也記住排泄場所了。但決不可掉以輕心，要檢查狗的行動，一定要讓牠在現場排泄。

●一天的排便次數

幼犬　3～4次（當然具有個別差）

成犬　1～2次

廁所的工夫

也有市售的狗廁；利用家庭中現有的廁所也是聰明的方法。

利用餅乾盒等狗容易進入之高度的餅乾盒。紙製的也可以，但是容易壓扁，而且很難保持清潔。

廁所要先舖塑膠布，然後再舖上厚報紙讓狗在上面排泄，髒的報紙和污物要一併去除，在剩下的報紙下方加上新的報紙。

這個作法是為了讓狗記住自己排泄物的氣味。狗具有敏銳的嗅覺，會敏感地聞氣味，而了解到「這是廁所」。

排泄後不可將排泄物放在那兒不管，要立刻處理，才能預防跳蚤等寄生蟲。

■廁所的製作方法

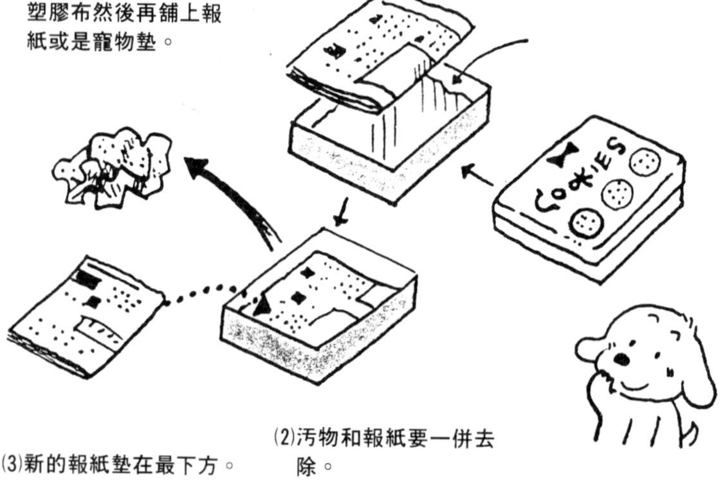

(1)利用空餅乾盒等舖上塑膠布然後再舖上報紙或是寵物墊。

(2)污物和報紙要一併去除。

(3)新的報紙墊在最下方。

■各種寵物廁所用具

◀▼廁所
幼犬、成犬可以分開使用的廁所
成犬用廁所

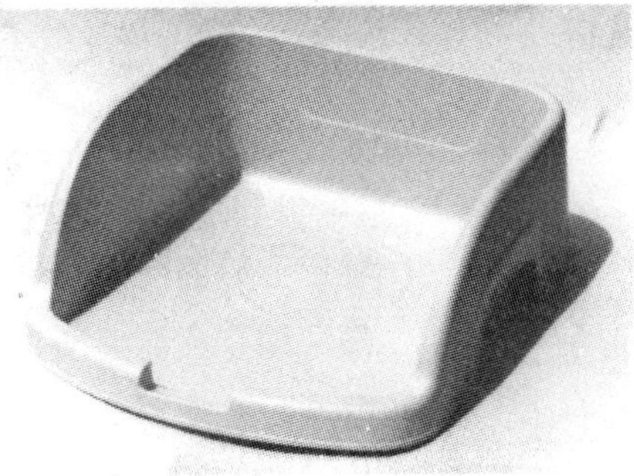

▼除臭劑
要在家中常備以便除臭

▼寵物墊
為高吸水性聚合體，能夠吸取尿液和臭味。有的具有抗菌防臭加工或中型用的作用。可配合廁所的尺寸加以選擇。

●陽台
雖然距離房間較遠較方便，但要注意勿使臭味傳到鄰居處，必須準備除臭劑

飲食的訓練

- 遵守給與時間與量
- 利用飲食教導狗「等等」
- 溺愛是壞習慣、疾病之源

遵守量與時間

飲食訓練第一步就是在決定好的場所、在同樣的時間給與決定好的量。通常飲食方面的問題就是不遵守這個原則而造成的。

狗是雜食動物，什麼都可以吃。

但不可給與過多，否則會成為肥胖的原因，也可能會造成疾病。而且，如果光是餵愛犬吃好吃的東西，不好吃的東西牠就不肯吃，造成偏食的現象。

過食或偏食都是疾病的危險訊號，一定要充分注意。因此一定要遵守給與量及給與時間的原則，避免給狗吃零食。

狗食非常簡單方便，以營養學的觀點看是完全食，但偏重於肉食型的狗食對健康並不好。

用餐時是訓練的機會

飲食的訓練非常多。首先要教導狗「坐下」。看到美味可口的食物，狗會高興地飛撲過來，這時首先要讓狗安靜下來。有時狗可能會弄翻食器，因此要邊注意邊教導狗。

如果不會坐下時就要壓著牠的臀部讓牠坐下。如果能夠好好地坐下時，在牠面前放著食器，命令牠「好」，才能讓牠吃。

如果能夠好好地坐下時，再教狗等待。放下食器後命令牠「等等」，讓狗忍耐，如果不聽指揮就將食器拿走，重複進行好幾次，做得很好才說「好」，讓牠吃。

讓狗學會「坐下」、「等等」都需要耐性，藉著食物加以訓練是很好的機會。做得很好時不要忘了稱讚牠。

■飲食的訓練<重點>

●決定擱置食器的場所。食器最好放在餐廳角落與狗屋並排的位置。一旦決定場所後不要改變。

(1)為了讓狗安靜，首先要教牠「坐下」。

(3)說「好」之後再讓牠吃。

(2)坐下後要對牠說「等等」。

溺愛是疾病的根源

一定要徹底教導狗在「安定的情緒下吃東西」，當然，負責訓練的你也要保持平靜。如果你慌慌張張地，狗也沒有辦法安靜吃東西。邊玩邊吃或弄翻食器時，都是因為未先讓狗安靜下來而給與食物。

此外，吃完後狗可能還想要吃人所吃的食物，不要因為寵愛牠而給牠，如此一來，牠就會經常偷吃桌上的食物。為避免養成這種壞習慣，絕對不能溺愛狗。

違反禮貌時，當場就要對牠說「不行」，要嚴厲責罵牠，放任不管的話會養成壞習慣，所以一定要掌握時機，反覆進行訓練。

在家中如果未做好飲食的訓練，散步時可能就會「撿食」，所以在幼犬時就要加以訓練。放任不管的話，成為成犬時養成了壞習慣，要加以訓練就太遲了。

偏食的形態大多是因為狗不吃某些食物，而只給與牠某些牠喜歡吃的食物而造成的。如果認為「就算給牠，牠也不吃」所以給牠喜歡吃的東西，就表示你過於溺愛狗了。

絕對不能養成助長狗壞習慣的訓練，這是身為領導者的人不可忘記的一點。

每天只給與狗牠愛吃的食物，當然會造成營養偏差。這種溺愛法不但無法徹底進行用餐的訓練，同時也會成為疾病的根源，所以飲食一定要定食、定量、營養均衡地給與。進行用餐禮儀的訓練才是對狗最好的情愛表現。

■用餐的禁忌

●絕對不能讓狗攀在餐桌上或爬上餐桌。

●不可以邊吃邊玩

●不可以給狗吃零食

●不可讓狗偏食

違反禮儀的責罵矯正法

●不管任何情況下都要把握時機責罵

■責罵的方式

●邊吃邊玩，東西吃剩時
時間到了就把食器拿走

●手攀在桌上（趴上去時）
當場責罵牠「不行」，如果還是不聽勸告，視當時的狀況，可將報紙捲起打牠的腰和鼻子，但是不能打臉。

●撿食
在散步途中想要撿食時，在此之前就要責罵牠「不行」，如果無法改善，則可以計畫性地在路上放置食物，當狗去聞食物想要吃的時候，趕緊用捲起的報紙打牠的腰部，讓狗了解這是不能做的行為。

■偏食的改善方式

(1)狗不吃給與的食物時就拿走食器
(2)下次用餐時再給與同樣的食物，不吃就再度拿走。

反覆這麼做時狗會肚子餓，就會開始吃你所給的東西了。但是隨時都要準備新鮮的水。一定要貫徹執行到底。不能同情狗。成犬一天不吃也不要緊；幼犬如果不吃可能會導致低血糖，而使身體衰弱，因此要給與蜂蜜水。

■禁忌

●就算狗想要東西吃也不能因疼愛牠而給牠零食。在家人用餐時也決不能餵牠吃東西，否則會導致訓練失敗。
●不要餵狗吃家人所吃的菜。

散步的訓練

- 利用散步教導狗遵守社會的規則
- 漸漸習慣運動，真正的運動從出生後六個月開始
- 為了能快樂地散步，雙方的溝通非常重要

藉著散步煥然一新

如果自己散步覺得難為情，帶狗散步就可以抬頭挺胸了。「愛犬是人類的朋友」，散步時二者是快樂的伙伴。不僅使狗活動身體，你自己的身心也能煥然一新。有時藉著狗之間互相交朋友，也能使飼主們互相接近。

有位男性就從「嗨！你好」的招呼語開始，在散步中途變成「來下一盤棋吧！」而開始和別人下棋，結果連下雨都沒注意到，傻在一旁的狗突然對主人吠叫著「回去吧！」也就是說，透過狗能擴展交友圈，這也是和狗一起生活的一大樂事。

為了使散步變得更快樂，要好好訓練狗，讓牠遵守社會的規則，不要忘記並非所有人都喜歡狗，一定要教導狗正確的規則。

■高明的散步方法

(1)套上拉繩時要命令狗
「坐下」、「等等」
(2)配合人的步調，一定要
讓狗緊跟在人的左腳側
，同時拉繩拉得短些。
(3)一旦狗走在人前時，
要用力拉拉繩，教導
狗「不可以」。

運動從出生後六個月開始

成長期的幼犬在出生後三個月之前，讓牠在家中或庭院自由地遊玩，不要勉強牠運動。出生後過了四個月以後，開始在住家周圍散步地運動。發育期的狗勉強讓牠運動的話會對足部造成負擔，對成長不好。讓狗漸漸習慣到附近散步，等到過了出生後六個月以後，才開始進入真正的運動訓練，這是基本的方法。

會使散步變得更快樂，要遵守以下的原則：

(1)讓狗經常配合人走路的速度，一定要讓狗跟在人的左腳邊。

(2)命令狗「坐下」、「等等」，任何情況下都不能走在人的前面。

(3)拉繩拉得短些。如果狗走在人之前時，則用力拉拉繩，重複做幾次，不要讓狗走在人的前面。

配合用途使用項圈

散步中的幼犬或小型犬要戴軟的項圈，進行訓練時，可以選擇圈住整個脖子的較寬的項圈。訓練時隨著狗的成長，必須注意項圈不可過緊而勒住頸部。

既然要教養、訓練狗做運動，如果無法快樂地進行，就沒有任何意義了。尤其是教導牠散步等快樂的事情時，必須注意項圈或拉繩等散步的用具。

狗的步幅和人類的步幅當然不同，牠會聽命地跟著主人走。但是不要光讓牠走，要經常和牠說說話，經由雙方的溝通更能增加散步的樂趣。

運動量必須配合犬種成長的程度，不要勉強。

■各種項圈

選擇散步用富於耐久性的項圈。材質很多，其中以皮項圈最適合愛犬的脖子。

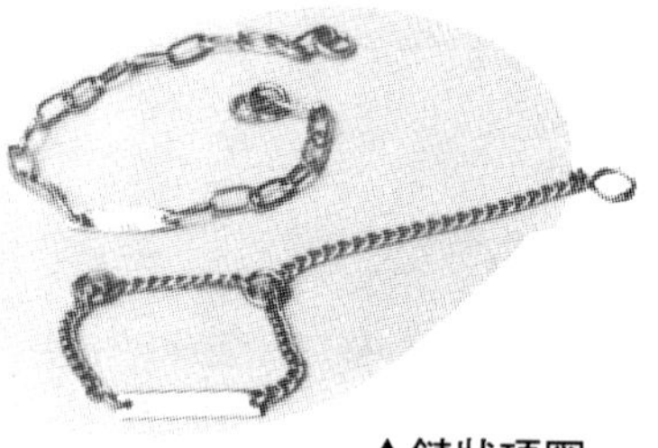

▲鍊狀項圈

皮革製項圈▶

散步時的訓練方法

●散步時會發生很多狀況，事先要知道處理的方法

●遇到其他的狗和狗互相吠叫時

嚴厲地對狗說「不行」，用力拉拉繩。如果狗想要追趕貓或小鳥時，也必須嚴厲地加以責罵。

●對他人吠叫時

當然要嚴厲地責罵，同時拉緊拉繩，給狗的頸部震撼，不要忘記向對方道歉。

●顧著玩不想走

狗若停下來追逐蝴蝶或吃草……等，好奇心旺盛的狗對於外界的事物充滿興趣。為避免狗一直待在路邊不肯走，一定要拉緊拉繩，教導牠「不可以」。

利用散步練習

走出戶外的狗藉著飼主的引導而學會社會的規則。好的領導者必須教導狗什麼是對的、什麼是錯的事。遇到各種情況時，要冷靜判斷加以處理才行。

散步中狗排便的話，飼主有義務要加以收拾，因此出門時一定要隨身攜帶清除糞便的器具或是袋子、衛生紙等，這是飼犬者的禮貌，如果對他人造成麻煩，就喪失好飼主的資格。

此外，散步時也可以複習以往的訓練（參考九十四頁），以前教過的事情這時可以複習。對狗而言就好像應用問題一樣，如果能做得很好就表示訓練合格。

＜複習的重點＞

●在公園的長椅上稍微休息

藉著「坐下」、「趴下」的命令讓犬趴下，如果能叫牠趴下就合格了。

●中途購物

最好不要帶狗到混雜的人群中，但是這也是一種學習。當你在購物時，要讓狗靜靜地等待。

命令狗「坐下」、「等等」，如果能乖乖等待則算合格。

如果在商店街、車站等人潮擁擠的地方，並非全都是喜歡狗的人，有的人討厭狗，因此，為避免雙方產生不快感，一定要充分地考慮作法。

如果訓練還不夠的話，要避免帶狗到混雜的人群中，遵守社會規則對你而言也是很重要的。

■散步時的重點

●決定散步的時間，早晚一定要進行。
●配合狗的運動量，不要勉強。

●收拾狗排泄的糞便是飼主的責任。
●進行複習訓練時，要實際教導社會的規則。不要忘記對狗說話。

■各種散步器具

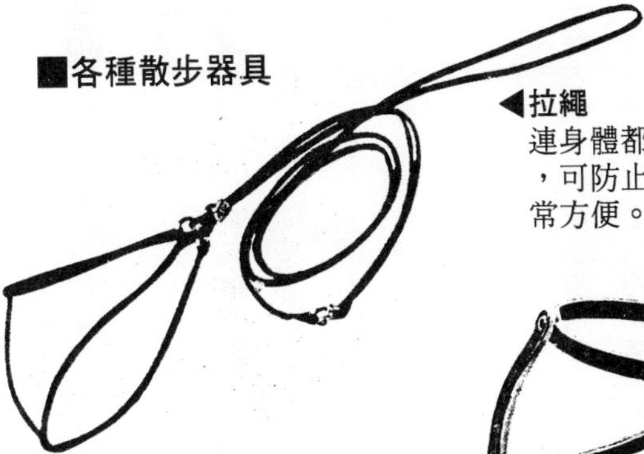

◀拉繩
連身體都可以一併套住的拉繩，可防止散步中拉繩脫落，非常方便。

胴圈▶
皮革製拉繩能夠應付狗劇烈的運動，但是一定要選擇能產生舒適感的拉繩。

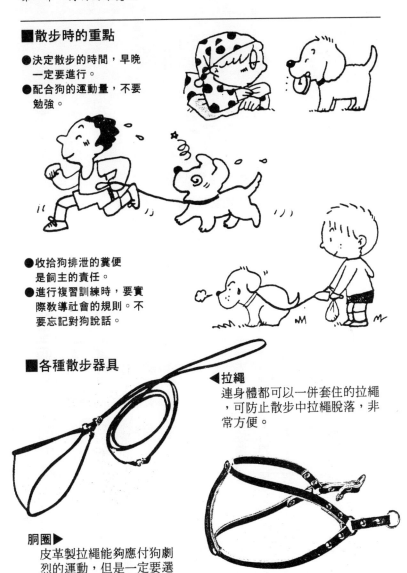

公寓的訓練

●不要讓狗隨意吠叫

●處理掉毛對策是飼主的禮貌

●在廁所上下工夫

●藉著充分的運動消除壓力

飼養適合室內的犬種

現在不僅是小型犬，甚至中型犬、大型犬都在公寓大廈中飼養。和歐美同樣地將狗視為家族中一員，喜愛狗是非常好的事情，但是住在高樓大廈，與他人共有的區域較多，而且沒有庭院，這都是集合住宅的缺點。

如果想要在大廈中養狗，要儘量好好加以照顧。

選擇犬種時，要選擇不容易掉毛、容易調理毛、適合飼養於室內的犬種，像西施犬、貴賓犬、約克夏等小型犬受人歡迎，就是因為容易在室內飼養的緣故。

從幼犬開始好好地進行訓練，避免對人和狗帶來壓力。

■在大厦養狗時＜重點＞

●充分散步

為避免狗任意飛奔而出或是亂吠等壓力積存後遺症，一定要讓狗充分散步。

●掉毛的對策

不要在公共陽台曬狗的被子。狗的寢具或室內一定要經常以吸塵器清理。

應遵守的四項原則

不僅在公寓大厦，在室內養狗時一定要遵守以下原則：

●妥善進行掉毛對策

陽台或通道等共有部分較多的大厦，飼狗掉毛可能會對附近鄰居造成痲煩，必須注意。

●廁所的工夫

不要擱置在公共設施的陽台。可以活用浴室或廁所等。

●不要讓狗飛奔到通道上

讓狗充分散步消除壓力，必須考慮到安全和周圍衆人的想法，不要任意讓狗飛奔而出。

●隨意亂吠的對策

隨意亂吠的狗會對自己和周圍的人帶來困擾，一定要好好加以訓練。

遵守原則，和狗一起過舒適的生活。

狗隨意亂吠原因何在？

狗會吠叫是本能，但是不能因為是本能而讓牠隨意亂叫，打擾附近的鄰居。如果狗在大廈的陽台隨意亂吠叫，則別人責罵「好煩呀！」也是無可奈何的事。

狗為何會隨意亂叫呢？

●狗希望別人理牠卻沒人理牠。

●不帶牠去散步。

●受虐待。

有沒有符合的項目呢？狗因為這些原因而亂吠，這全都是飼主的責任。狗絕對不會隨便亂叫，一定是慾求不滿而吠叫，藉著吠叫而宣洩壓力。

其證明就是，與狗充分溝通、讓狗充分運動後，牠就不再亂吠叫了。

■在這些時候會亂叫

●狗希望有人理牠卻沒有人理牠時。

●一直受到虐待

●沒有帶牠去散步

為使狗不亂吠叫，要採取以下行動：

●讓狗充分散步，滿足牠的心理要求。

●不要以忙碌為藉口，要對狗充滿情愛，好好和牠說話，摸摸牠。

這樣一來，大部分的狗就不會再亂叫了。但是狗吠叫時，一定要嚴厲地責罵牠，告訴牠「不可以」，阻止牠亂叫，要重複教導好幾次，直到完全安靜為止。

大部分的狗如果和飼主建立信賴關係就會變得溫馴。

狗有時聽到消防車的聲音也會吠叫，這時不要責罵牠，可以摸摸牠、抱抱牠，消除牠的不安，讓狗安靜下來。

■改正隨便亂叫的習慣

●充滿情愛和狗說話，摸摸牠、抱抱牠。　●讓狗充分散步

防止狗惡作劇的訓練

幼犬愛鬧、愛咬東西是天性，但是不能放任不管。幼犬時就要讓牠分辨什麼是好事、什麼是壞事。尤其在室內飼養時，一些重要的家具可能被咬壞，因此，一定要徹底教導狗「我家的規則」。

●咬東西

⑴首先要給狗可以咬的東西。

將舊毛巾捲成棒狀或圓形，或者給狗木塊，讓牠咬。重點是不要把東西丟在那裡給牠玩就夠了，一定要和牠一起玩，如果能夠玩得很好一定要好好稱讚牠，滿足狗咬的慾望。

⑵如果咬了不該咬的東西，一定要責罵牠「不可以」。

像鐵絲、鈕釦、保麗龍、破布、小石子等危險的東西，如果愛犬在玩的話一定要注意。要大聲說「不可以」，趕緊拿走。狗可能不願意你拿走牠的東西而誤吞到肚子裡。因此要靜靜地叫牠的名字將東西取回。

●飛撲過來

⑴事先命令牠「坐下」，讓狗靜止。

⑵如果能夠好好地坐下，就要好好稱讚牠。

●鬧著玩（對嬰幼兒）

⑴不要讓狗和嬰幼兒一對一地待在同個房間裡。

嬰兒一定要放在大人能夠看得見的地方。

⑵當愛犬舔嬰兒或嬰兒的臉時，一定要嚴厲地責罵牠「不可以」。

⑶壓倒嬰兒是很危險的事情，因此大人一定要牽著小孩的手，摸摸狗的頭或身體，教導狗不可以推倒嬰幼兒。

總之，一邊稱讚一邊反覆地教導，狗就能記住。

■防止惡作劇＜重點＞

●咬東西對策

給與狗可以咬的東西，如果牠玩得很好就要稱讚牠。

咬了不可以咬的東西要嚴厲地責罵牠

●飛撲過來時的對策

先命令牠「坐下」，做得很好就稱讚牠。

來不及的話就要緊緊握住牠的前足，對牠說「不行」。

●鬧著玩對策

如果舔嬰兒或推倒嬰兒都是很危險的事情，要嚴厲地教導愛犬不可以這麼做。

單獨生活的訓練

●好好做好進狗屋的訓練

●不在家時要教導飼狗靜靜地待在家中

●回來時一定不要忘了摸摸牠、抱抱牠

和狗快樂生活

獨居的老年人或年輕女性大多會飼養狗。狗能成為好的伙伴，使生活更快樂。老年人藉著照顧狗也能增進健康。孩提時代有養狗經驗者，隨著年齡增長，也能和狗保持好的關係，過著快樂的生活。

若並非真的喜歡狗，只是將狗視為情愛對象物的飼養方式要儘可能避免。因為，一旦找到能夠代替狗的東西時，可能就會將愛犬捨棄。

狗不是玩具，是「朋友」，是有生命的生物，不可因為人類的任性而使牠變成「可憐的狗」或對別人「造成麻煩」的狗。飼主一定要遵守這些原則才能快樂地飼養狗。

不在時教導狗「等待」

不在家時，愛犬在家中該如何度過呢？對於狗的行動我們不得而知。有的狗在電話響時會吠叫，有的聽到救護車或警車的聲音會吠叫，造成大廈公寓等集合住宅區鄰居的困擾。所以首先要讓牠安靜地等待，並且儘量縮短不在家的時間，儘早返家。

重點有以下三點：（參考一〇三頁）

①教導愛犬進入狗屋，並且靜靜地休息。有人在時不要讓狗到處亂跑，時間一到就要回狗屋裡。

②教導牠上廁所（就算飼主不在也能自行去上廁所的場所）。

③狗從後面追過來時要教導牠「不可以」，讓牠建立「主人立刻就會回來」的印象。

■留守在家時的訓練

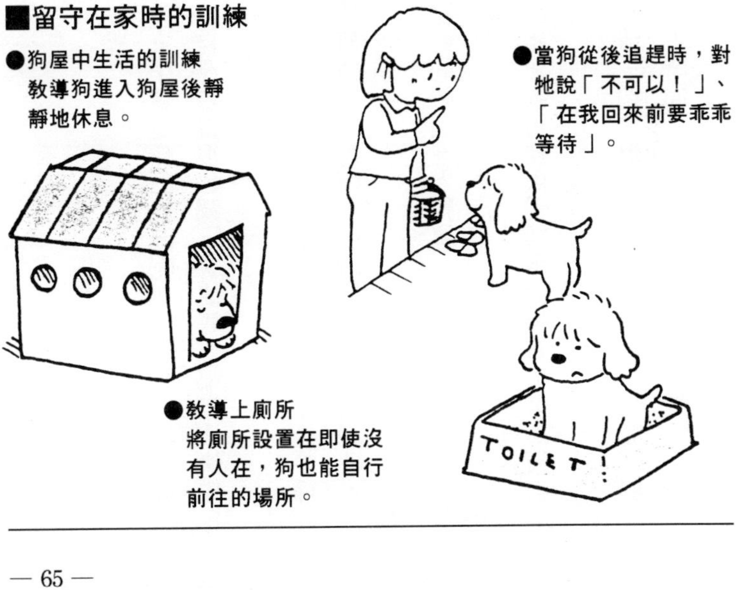

●狗屋中生活的訓練
教導狗進入狗屋後靜靜地休息。

●當狗從後追趕時，對牠說「不可以！」、「在我回來前要乖乖等待」。

●教導上廁所
將廁所設置在即使沒有人在，狗也能自行前往的場所。

遵守規則才是狗的喜悅

也許你會想「一直把牠關在狗屋裡，為何要養狗呢？」但是想想如果你不在時，將狗放在家中，回來後家中會是什麼情況呢？一定是一片髒亂，重要東西已被咬得亂七八糟了。這時再責罵牠或是自己變得很焦躁，會使雙方都無法快樂地生活，而且狗容易表現反抗的行動。

決定狗應該遵守的規則，服從領導者，培養牠藉此感到喜悅的習慣。如此雙方才能平靜地生活。如果放任飼犬不管，牠會非常可憐。不論任何情況都是配合生活形態而加以訓練，這一點非常重要。

為避免這些麻煩，最好的訓練方法就是「在決定好的時間進入狗屋」。回家時對牠說：「你看家看得很好耶！好聰明喔！」要抱抱牠，建立親膚關係，可以略微誇張地稱讚牠。狗可藉由受稱讚而擁有自信。帶狗去散步可紓解牠的壓力。

飼主返家前，狗如果能待在狗屋裡，無法轉換心情，狗會變得慾求不滿。散步也能紓解本身的壓力，增進健康，因此，一定要擁有充分的散步時間。不可以說「今天好累呀！好煩呀！」多為一直在家中等你的狗想想牠的心情。

■主人不在時的禁忌

●不可給與零食

並非長時間外出時，回來後再餵狗吃東西。

●有人在時不要把狗亂放出來，時間一到就要讓狗回到狗屋中，不要任意移動狗屋的位置。

高明的看家本領及工夫

■屋外狗的情形

●讓狗負責夜晚守夜時，要點亮屋內的燈。

●告訴附近的鄰居一聲。

●給狗可以玩的東西

※最近也有可以帶著寵物一起住宿的旅館，可以和狗一起享受旅行之樂。

■室內狗的情形

●對狗說「立刻就回來了！」不可讓牠從後追趕。

●帶到公司去藉著有愛犬陪伴而使心情平靜下來。

●如果因為旅行而好幾天不在家時，將狗寄養寵物店或動物醫院。

Q　乘車時的訓練是什麼？

出門時想讓飼犬乘車，該如何訓練呢？

A

從具有適應性的幼犬期開始，就要讓牠習慣乘車。把狗放在不習慣的環境中，牠會興奮地在座位上徘徊或是惡作劇。此時一定要讓狗安靜、放鬆。摸摸牠的身體，告訴牠「要好好待著喔！」如果做得很好，就要稱讚牠。讓牠了解這是安全的場所，乘車是快樂的事情。

當然，必須先做好排泄的訓練。乘車前先讓牠排泄。剛開始時是短距離乘車，漸漸拉長距離。為避免暈車，應避免讓愛犬空腹時或飯後乘車。此外，不要讓狗將頭臉露出車窗外，以免引起意外事故。

遵守以上規則，狗也能愉快地乘車。

Q　喜歡叫的狗有何矯正對策？

三歲的公博美犬在家中有客人時，會持續吠叫，即使叱責牠也沒用，有沒有什麼好方法呢？

A

警戒心較強的狗或是膽小的狗較容易吠叫。也就是說因為膽怯而吠叫，如果不加以教養，會產生很多麻煩，尤其像博美犬這些小型犬，見到陌生人經常會吠叫。不論在何種情況下，當牠吠叫時就要嚴厲地責罵「不行」，半途而廢的責罵方式牠會充耳不聞，所以一定要以憤怒的表情和聲音表示你的憤怒。當場責罵牠通常都會變乖且安靜。但是經常在客人面前責罵愛犬也不是好事。如果這種情形經常出現，最好在客人來之前將狗放入狗籠中或是移到別的房間。此外，動過去勢手術後就會變得溫馴。

Q 對於無法抵抗聲音的狗該如何處理？

在屋外飼養的狗很難抵擋下雨等大的聲音，想要立刻進入屋內，雖然覺得牠很可憐而讓牠進入屋內，但是這麼做好嗎？

A 有的狗對聲音的抵抗力較弱，如果覺得牠可憐而讓牠進入屋內，漸漸地，牠在屋內也會覺得害怕。因此，不要讓牠進入家中，讓牠習慣待在屋外較好。首先最重要的就是不要過於溺愛牠。對於害怕的狗可以對牠說「沒什麼啦！」如果狗真的極端恐懼，可以讓牠服用鎮定劑等對症療法。

Q 在狗籠中排泄的狗該如何訓練？

雖然教了好幾次，但仍然會在狗籠中排泄，難道無法改善了嗎？

A 經由你的努力，一定可以改正。經常在籠中大小便是由於對狗而言，這是一個安心的場所，神經質的狗較易出現這種行為。

矯正方法就是不讓牠進狗籠。關在浴室內兩天左右，當然要給吃東西，這時狗必須只能在浴室內活動，如此一來，牠只能在浴室排泄。如果你認為牠「很可憐」，就沒有辦法矯正；真的想加以矯正，一定要忍耐。

●重點專欄●

受人歡迎的犬種是西施犬

狗也有流行性。每年的排行榜都稍有不同。根據JKC的犬種別登錄數來看，西元1993年西施犬已經超過前年的西伯利亞雪橇犬，位居第一名，是容易飼養，受人歡迎的室內犬。

●犬種別隻數排名

順位	犬　　種	隻數
1	西施犬	50779
2	西伯利亞雪橇犬	43766
3	黃金獵犬	35802
4	博美犬	23791
5	喜樂蒂	23158
6	瑪爾濟斯犬	22115
7	約克夏犬	21757
8	臘腸犬	14822
9	哈巴犬	14473
10	貴賓犬	12096

（根據JKC登錄數）

第三章

〈階段式〉基本訓練

開始訓練之前

需要訓練的原因

從前養狗大多為撿來的狗，或別人分讓的狗。即使雜種狗也能輕鬆地飼養。吃人類的剩飯剩菜，也能好好地成長。

時代已經改變了，現在買賣狗成為一種潮流。狗之所受人喜愛就是因為牠們能滋潤人心。

疲倦地回到家中時，如果有一隻飛奔出來迎接你的狗，當然可使你的心情平和。摸摸牠的頭牠會高興地搖搖尾巴表示回答。狗的確是人類的朋友。用信賴和情愛與人建立密不可分的關係。

為了使愛犬成為家族的一員而快樂地共存，當然一定要牠遵守社會生活的規則，而且居住環境和以前完全不同，很少有大庭院飼養狗的環境了，尤其像公寓大廈等集合住宅，為避免造成他人的不便，一定要教導愛犬最低限度的規則。這在先前已談過。接下來要敍述的教養、訓練的實例，一定要在生活中加以運用。

有人認為訓練非常困難，將訓練當成一件非常認真的事情。但是請你放鬆心情，以運動的感覺進行訓練。如果狗和人類都不覺得快樂的話，就無法達到訓練的效果。

一旦弄錯方法，雙方都會感覺疲倦而且覺得厭煩。所以，隨時都要保持輕鬆的心情。

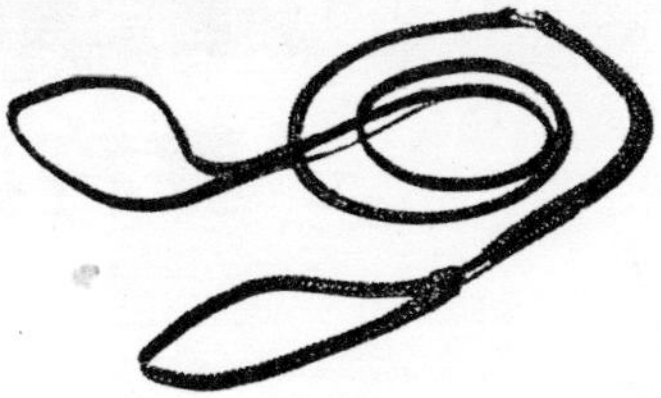

傳達意思的「拉繩」

你認為拉繩是防止狗逃走的用具嗎?這是一大誤解。

飼主帶狗散步時使用拉繩，可以傳達自己的意思。狗藉著拉繩傳來之力量的強弱和鬆緊，就能了解主人的意思。

也就是說，這不只是一條拉繩而已，它好像人類的手一樣，具有重要的作用。

應選擇何種拉繩或項圈呢?有皮革製、金屬製、尼龍製、布製等各種製品。了解其特徵、優缺點，配合用途來分開使用。

拉繩及項圈要配合狗的成長，選擇可以調整的。拉繩太長或太短都不好，太長會拌倒愛犬，太短狗很難走路。

訓練用拉繩分為五公尺和十公尺的長度，要依訓練內容的不同而選擇。

項圈也有各種種類。其一是狗愈拉扯就會愈勒緊的金屬製「拉緊項圈」，適合做為訓練用項圈。但是不可過度勒緊脖子。

可以詢問寵物店人員，備妥適合狗大小的項圈和拉繩。

教養訓練的基本用語

聲符與視符

語言、訊號統一

狗是聰明的動物，聽得懂人說的話。不會說話的狗為什麼了解人說的話呢？那是因為牠反覆聽、看人類發出的語言或訊號，基於條件反射而展現行動。

用狗的眼睛讀取的信號稱為「視符」。藉著人的聲音而了解的訊息稱為「聲符」。這些對於教養、訓練而言都非常重要。了解並巧妙地結合，進行訓練。

●「視符」的重點

①訊號須統一。一個訓練若出現不同的訊號，會造成狗的混亂。

②尤其是稱讚或責罵的訊號，一定要清楚區別，用態度表示喜悅或憤怒。含糊的態度會使效果減半。

●「聲符」的重點

①基本上聲符必須要簡短。以「過來」、「等等」、「趴下」等二個字較多。對於你和狗而言，溝通的重要道具應仔細考慮後再選擇。強調聲調讓狗了解。例如「過來」重點放在「過」這個字；「等等」則強調後的「等」字。

②藉著訓練過的各種動作的語言不要改變。與視符同樣，如果改變會造成狗的混亂，無法達到訓練成果。

③用嘹亮的聲音清楚表達命令。

注意這些事項，進行基本的訓練。

基本用語〈聲符、視符〉

「很好很好」
飼主打從心裡稱讚的話語。狗做得很好時就要以喜悅的方式高興地這麼說。

要讓狗靜止或注意時所使用的字眼。「坐下」▶

散步訓練所使用的話語。不論何種情況下，絕不能讓狗走在飼主前面，隨時保持正確走路的訓練話語。

「跟著」▶

「等等」▼
讓狗持續等待所使用的話語。在日常生活及疾病治療上都有所幫助。

「趴下」▼
教導狗緊張、伺機而動的姿態的話語。

「不行」
狗做了不該做的事情時，以嚴厲的語調責罵狗的話語。

「過來」▼
飼主叫喚立刻能夠過來，是使狗服從的重要話語。

Step 1 「很好、很好」「不行」

訓練的基本有二項：

教養與訓練是同樣的方法，絕非個別獨立的。前者是在語言的共同生活中必要之生活面的禮儀；後者則是將這個教養循序漸進的進行，成為培養社會性的教育。藉著訓練能對人類有所幫助，也使狗自覺到底該負起的任務。

在禮儀上最重要的是清楚地教導牠「可以做的事」與「不可以做的事」，這是最重要的一點。

從上廁所的訓練、飲食的訓練開始，日常生活中的各種禁忌要嚴格地加以訓練。這時的聲符為使用嚴厲的語氣說：

POINT
- 責罵時要以嚴厲的語氣說「不行」
- 做得很好時要溫柔地說「很好、很好」

「不行」

狗做了壞事時一定要讓牠停止，在尚未了解之前一定要重複進行訓練好幾次。當牠對人所說的話已了解且做得很好時，要對牠說：

「很好很好」

這時摸摸牠的頭，建立親膚關係，要儘量稱讚牠。從狗來到家中開始就要進行訓練，在任何情況下：

「不行」、「很好、很好」

都是教養的基本，在室內飼犬時，更要徹底地教導。

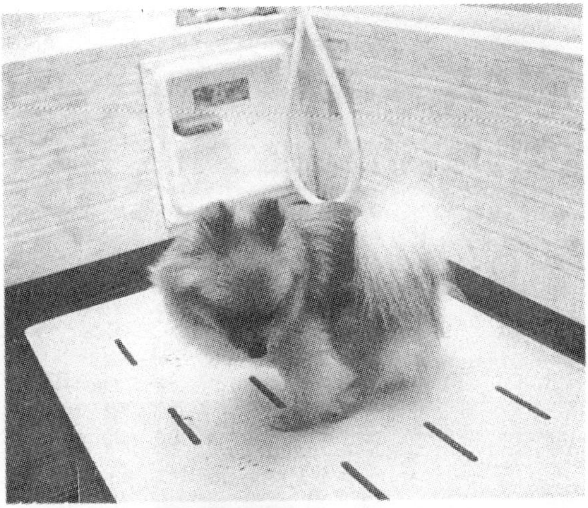

(1)想要上廁所到浴室去時，就要說「做得很好嘛！」很得意地充分稱讚牠。

(2)不能亂咬東西的訓練：首先是責罵牠「不行」，然後給狗可以咬的東西讓牠玩。

(3)「好，到狗屋去休息吧！」狗做得很好時就要稱讚牠「很好、很好」。

STEP 2 「坐下」

坐下是訓練的第一步

用餐時及散步時首先命令狗「坐下」，讓狗靜止。利用命令讓狗坐下是訓練的第一步。任何訓練都是如此，最初一定要使用拉繩來教導。聲符則使用「坐下」。

●「坐下」的教法

⑴首先站著拿拉繩，舉起右手同時使用「坐下」的聲符，將拉繩拉緊。為了吸引狗的興趣，最初最好右手拿著狗喜歡的玩具。

⑵做得不好時，左手輕壓狗的腰部，催促牠坐下。

⑶做得很好時，維持這種姿勢並稱讚牠。

如果隨著「坐下」的話語能做到的話，不要忘記稱讚牠。

一開始狗可能會在中途站起來，這時要以嚴厲的聲音再次命令牠「坐下」。做得很好就要摸摸牠，反覆進行練習，每天持續才是訓練的重點所在。能夠做到「坐下」的姿勢且保持靜止、注意著飼主，就會擺出等等下一個指示的姿勢。

藉此可以了解狗的表情，然後溫柔地對牠說：「我們去散步吧！」保持輕鬆愉快的心情教導是重點。

POINT
●最初拿著狗喜歡的玩具
●做得不好時輕壓狗的腰部

(1)左手拿著拉繩舉起手，下達「坐下」號令的同時拉緊拉繩。

(2)拉緊拉繩時，狗的視線移到右手，自然能做出坐下的姿勢。

(3)如果無法做到時，用左手輕壓狗的腰部令其坐下。

※拉繩使用訓練用的5～10公尺的拉繩。使用拉繩在散步時可以引導狗。

●再次檢查使用聲符的方式以及自己的做法，如果不對的話要矯正。

●一邊按著狗的腰一邊讓牠坐下，或是徒手打腰部，命令狗「坐下」。

做得不好時要保持冷靜

「拼命叫狗坐下坐下，可是牠立刻就站起來做得不好。」

經常有人問我這個問題，可能是你過於熱心地教導狗而歇斯底里地叫狗坐下吧！光是動嘴巴，心意無法相通，因此狗當然會充耳不聞。

這時要保持冷靜，如果開始訓練但牠卻無論如何都不想做的話，就停止好了，先暫時中止，不要再和狗比較耐性了。

狗做不到的問題有時出在飼主的方法。責罵狗之前要保持冷靜，檢討自己的方法，你的意思和情愛是否真的傳達給牠，自己要再檢討一番。

●「坐下」的動作做不好時●

●不要焦躁，拼命地說「坐下」

※絕對不能歇斯底里。

散步途中或是飯前，掌握各種機會，腦中記住以下的內容進行訓練。

●不要焦急，從最初開始重新進行一次。

●做得不好時不要劈頭就罵，也不要體罰，要溫柔地鼓勵狗。

●如果狗還是站起來，命令牠「坐下」，徒手打腰部或使腰部朝下。

如果做得很好一定要誇張地稱讚牠。為了將你的喜悅傳達給狗，一定要真心稱讚牠，不要一開始就認為牠做不好，一定要慢慢地快樂與狗相處才是捷徑。

Step 3 「等等」

教導狗一直等待

學會坐下後，接下來教狗「等等」。「坐下」、「等等」都是基本的訓練，一定要讓狗熟悉。

分為坐著等和站著等二種，不論何種情形都要讓狗靜靜地等待。

●坐著等的教法

(1)讓狗坐下，和狗面對面。這時放鬆拉繩，抓住接近項圈的部分，以免狗朝不同的方向隨意亂走。

(2)左手放在狗眼前說「等等」。等狗靜止下來後，拉著拉繩，靜靜地在距離牠稍遠的地方，這段期間內如果狗還乖乖等著就要稱讚牠；如果牠移動就要說「不行」，再回到原點，重新開始進行。不要在牠移動的地點慌張地進行，一定要回到原先的位置教導牠等待的意義。

拉著拉繩面對面能夠做好「等等」的動作時，就可以放開拉繩進行訓練，使用「坐下」、「等等」的聲符，面對面距離數公尺，再次說「等等」，如果狗能等待的話，則走回狗的身邊稱讚牠；如果移動的話，則回到原先的位置重新開始練習。

進行面對面訓練時，最初使用拉繩，做得很好就放掉拉繩訓練，漸漸拉長雙方的距離。

POINT
- ●拉繩放鬆，拿得短些
- ●如果移動則回到原位重新開始

(1)讓狗坐下，說「等等」讓牠靜止。視符是右手伸到狗的臉前方。

(2)離開狗，狗移動的話，重新回到原先的位置，再度命令牠「等等」。背對狗離開，注意狗有沒有移動，回頭看看，如果狗移動再重新回到原處進行訓練。

(3)回頭時不要立刻叫狗，如果做得很好要充分地摸摸牠、抱抱牠。

●如果狗移動，一定要回
到原先的位置重新開始
●回頭時不要命令下一個
動作，或是走回愛犬身
邊。

利用親膚關係轉換心情

狗充分了解坐著等的意思之後，再教牠「站著等」。再下一個動作就是「過來」的動作，因此，要好好練習。

如果方式錯誤，就無法進行正確的訓練。首先一定要溫柔地撫摸狗的耳朵和胸部等，轉換心情。稍做休息後再開始。

教法和「坐下、等等」相同。和狗面對面，命令狗站立然後開始進行。命令狗「站著等」。剛開始時牠可能會立刻坐下或是立刻跑過來，做得並不好。這時就要反省自己發出訊號的方式是否正確。

●無法「等等」時●

●稍做休息轉換心情，充分建立親膚關係再開始

●「等等」的聲符是否加強語氣？

●轉身離去時，是否回頭或叫喚愛犬？

狗具有足夠的能力，一定要相信愛犬能充分發揮能力，要以正確的方法教導。

「站」（坐、等待）的重點：

(1)如果稍微移動，要立刻回到原先的位置重新開始進行。

(2)回頭時不要命令下一個動作（否則愛犬會以為你一回頭就是叫喚牠，因此必須注意）。

(3)命令狗「等等」時，要相信牠，擁有自信地離開狗。

(4)一定要冷靜地應付。

Step 4 「趴下」

預備的最佳姿勢

「趴下」是與接下來的任何動作都能對應的最佳姿勢。是等待做下一個命令的姿勢。因此要讓狗擁有緊張感、伺機而動。

有二種型態，一種是從「坐的姿勢趴下」，能夠做好的話，接著教導牠從「站的姿勢趴下」。

依序教導是訓練的基本，一定要隨時牢記在心。

●從坐的姿勢「趴下」

(1)與坐下的狗面對面命令牠「等等」，右手向下同時命令牠「趴下」，將拉繩好像碰到地面似地往下拉。

(2)拉扯前肢時：拉住項圈，狗的頭會朝下，同時用左手拉牠的前肢，教導正確的姿勢。

(3)做得很好的話，維持這個姿勢並稱讚牠。

與站的姿勢「趴下」的動作相同，但要拉著項圈，一直拉到地面，事先要調整項圈，以免狗覺得痛。做得很好時就放開拉繩，只利用聲符和視符進行練習。

「趴下」是待機的姿勢，因此絕對不要長時間讓狗等待。如果「趴下」做得很好，立刻進行下一個動作。

POINT
●拉繩拉短，放鬆項圈
●短時間內完成「趴下」的姿勢

(1)做出「等等」的命令，左手將拉繩拉得短些（靠近項圈的位置）

(2)做出「趴下」的聲符，同時在愛犬臉的前方將手往下放，拉繩一直接到地面為止，教導牠正確的姿勢。

※前肢緊繃、無法趴下的狗，一邊拉項圈，一邊用左手拉前肢，引導狗做出正確的趴下姿勢。

Step 5　「過來」

狗被叫喚覺得快樂

「一叫喚就跑過來」是重要的訓練。要訓練愛犬一聽到飼主的叫喚就飛奔到飼主身邊。

聲符是使用「過來」。

●過來的教法

(1)讓狗坐下，命令牠「等等」，在牠對面倒退，然後命令牠「過來」，視符是單手直立高舉。下達「過來」的聲符時，將上抬的手往下揮。

(2)做得不好時拉拉繩，讓牠到這邊來。

(3)飛撲過來時掌握時機，一邊後退一邊叫喚牠。更換為較長的拉繩，或漸漸拉長距離，反覆練習。

POINT
- ●向後退，叫喚狗「過來」
- ●不來時要拉拉繩

做得很好時要放開拉繩練習。為使愛犬熟悉你所教導的事物，和愛犬間的強烈信賴關係非常重要。

任何訓練如果以情愛為基礎，才能產生效果。

「一叫喚就能過來」證明你和愛犬間具有極深的信賴關係。飛奔過來時一定要和牠玩或是摸摸牠，充分地建立親膚關係。藉此狗就了解「被叫喚是快樂的事情」。

絕對不要一叫過來就責罵牠或是讓牠進入狗屋等令牠不快樂的事情，這一點要注意。

(1)讓狗坐下，對牠說「等等」，讓牠靜止。與狗面對面，抬起右手，命令牠「過來」，同時將手往下揮。

(2)拉拉繩，一邊後退，一邊命令狗「過來」，狗飛撲過來的話，掌握時機再往後退。

(3)來到跟前時要抱抱牠、稱讚牠。

Step 6 「跟著」

基本方法是放鬆拉繩

對狗而言散步是一大樂事，同時也是重要的時刻。但是如果你被狗牽著走，或是愛犬和其他狗發生爭執引起麻煩時，快樂就會減半。碰到這種情形，一定要教愛犬正確的走路方式，不能走在你的前面。

專門術語是「腳側前進」，為了隨時保持在正確的位置走路，基本方法是拉繩要放鬆。聲符則使用「跟著」或「跟過來」都可以，聲符愈短愈有效。

●「跟著」的教法

(1)讓狗跟在左側，右手將拉繩拉短。

(2)左手輕敲你的左腿或腰(視符)，同時說出「跟著」。

(3)開始走時注意你的膝蓋和狗的肩要保持平行。左手輕輕握著拉繩，注意拉繩要放鬆些。

(4)如果狗想走在你的前面時，用左手拉拉繩給與震撼，同時對牠說「不行」。一邊走一邊教導。

放鬆拉繩再給與愛犬震撼時能產生效果，同時也能學會正確的走路方式。如果拉繩緊繃的話，狗會反射性地朝向任意的方向前進。

正確的走路方式才能使狗和你藉著快樂的散步而煥然一新。

POINT
●讓狗跟在左側並將拉繩縮短
●人的膝蓋和狗之間經常保持平行前進

(1)讓狗坐在左側，右手拉拉繩，下達「跟著」的聲符，同時左手輕敲自己的左大腿部或腰。

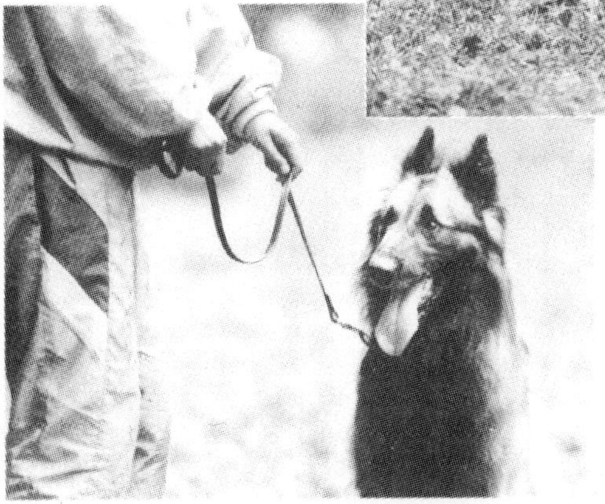

(2)拉繩放鬆一些，左手輕握拉繩，如果狗想要走到前方時，用左手用力拉拉繩，再繼續練習。

(3)注意保持人的膝蓋和狗的肩平行，拉繩放鬆，拿得較短，經常保持在正常的位置，一邊給與震撼一邊教導練習

開始時期	重　　點
從開始飼養狗起，出生後三個月左右。	在有味道的地方進行練習。利用其習性，如果不小心留下氣味要噴撒除臭劑除臭。
儘可能早進行	對於表現抵抗的狗要對牠說「不行」，等狗溫馴之後再摸摸牠、抱抱牠。
儘可能提早訓練	給與可以玩的玩具，如果狗仍繼續惡作劇，視狀況敲打狗的鼻尖或腰。
在開始活動旺盛的時期，出生後四個月左右。	事先決定好可以自由遊玩的場所。
從活動旺盛的時期開始，出生後四個月左右。	在習慣之前大人要加以監視，決不能讓嬰兒與狗獨處。
出生後二到三個月開始。	用餐時一定要進行，但不要讓狗等太久。
出生後三個月開始。	剛開始時藉著「等等」讓狗靜止，不可離開狗屋，漸漸拉長時間，同時要把門打開。
從會吠叫的時期開始。	室內狗要好好訓練。戶外狗則在起居室附近擱置狗屋，讓狗能聽到人聲。
出生後三到四個月開始訓練。	不要避開飛撲過來的狗。要積極地面對狗進行訓練。

●教養、訓練速見表No.1

項目	目的	用語
教導上廁所	教導排便、排尿的教養，尤其對室內犬更重要。	尿尿 大便
親膺關係	培養愛犬順從的性格要從建立親膺關係開始。	等待 「等等」
不可讓狗惡作劇	不能讓狗對家庭內的生活用品惡作劇。	不行
教導狗不可進入的場所。	危險場所、客人來時或工作中，不可進入的房間要教導牠。	不行 等等
不可以逗弄幼兒。	雖然具有親和力，但為了避免危險，決不能讓狗逗弄幼兒。	不行 等等
餵食	飲食的禮儀、防止撿食。	藉由「等等」讓狗靜止，藉由「好」讓牠吃
進入狗屋	外出時或客人來時	命令狗「進狗屋」，並說「等等」
不亂吠叫	亂叫會造成他人的困擾。不要讓狗過於興奮。	不行
不會飛撲過來	避免狗飛撲過來，造成他人的麻煩。	不行

開始時期	重　　點
出生後過了三個月開始訓練	叫喚過來不可以責罵狗或命令牠進入狗屋，否則牠會覺得被叫喚是很痛苦的事情。叫喚過來後要稱讚牠，不過來時要考慮原因。
出生後三到四個月開始	讓狗靜止，然後再移到下一個動作。
出生後五到六個月開始	因為狗走路的速度較快，因此要不斷地制止牠，保持正確的速度行走。
出生後五到六個月開始	等待是一切訓練的基本，一定要確實地教導。
出生後五到六個月開始	短時間內結束，然後漸漸延長時間。

●教養、訓練速見表No.2

項目	目的	用語
叫喚「過來」立刻會來	一叫喚狗就能過來是飼主和狗建立了信賴關係，因此非常重要。	<聲符>過來 <視符> 舉起右手向愛犬招手
「坐下」 （停坐）	聽到命令立刻坐下是服從的基礎。	<聲符>坐下 <視符> 右手高舉到狗的臉上
「跟著」 （腳側前進）	保持狗跟在人的左腳邊。狗的肩和人的膝保持平行，是走路散步的基本方式。	<聲符>跟著 <視符> 用左手輕敲自己的左大腿或腰
「等等」 （待坐）	讓狗等待，才能冷靜地判斷。	<聲符>等等 <視符>用手在狗的鼻尖處攤開加以制止
「趴下」 （俯臥）	建立緊張、待機的姿勢。	<聲符>趴下 <視符>右手在狗的臉前方做向下放的動作

室內犬的訓練

能夠自由遊玩的場所

狗在室內飼養時，有時進入工作場所、客廳會造成困擾，在責罵之前要好好地教導牠。訓練前準備以下事項：

●**決定狗的睡覺場所**　狗來到家中前要準備狗屋（狗籠等），建立一個能夠休息的場所。

●**決定能夠自由遊玩的場所**　家人聚集的起居室等可以安心讓狗自由遊玩的場所。

剛來的幼犬非常疲倦，且無法平靜下來。因此要觀察狗的樣子，慢慢地加以訓練。

●**室內的訓練方法**

(1)不能進入的場所要對狗說「等等」，讓牠在門口等待。

(2)馬上進入時對牠說「不行」，嚴厲制止牠，如果還充耳不聞要用捲好的報紙敲牠的腰部並關上門。

每天反覆訓練，狗如果做了其他不該做的事情時，也要採取和(2)同樣的態度加以訓練。

為避免狗打擾客房的客人，因此要先訓練狗待在自己的墊子或活動範圍內，好好教導狗「家庭規則」是舒適生活的基本。

POINT
●準備狗屋
●建立可以自由遊玩的場所

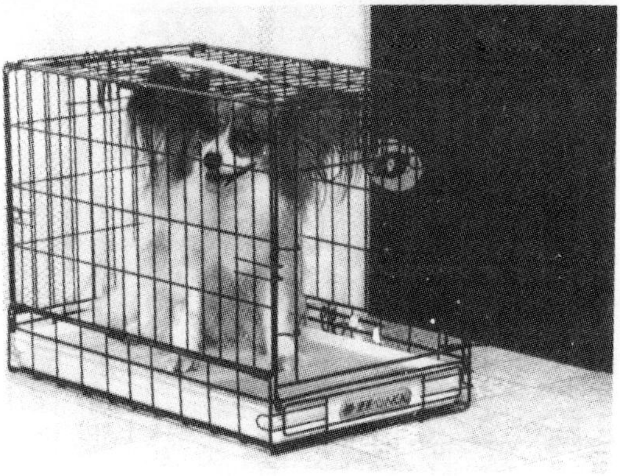

●設置狗屋，建立休息場所，事先決定狗可以自由遊玩的場所。

●告訴狗不能進入的房間，對牠說「等等」，打算進入時則在門口說「不行」，加以制止。

狗屋的教導方法

教導牠「狗屋」

不只是室外犬，室內犬也需要狗屋，好好教導狗進入狗屋的方式。

給狗一個起居的場所，使家人和狗都能過安定舒適的生活，外出時讓狗進入狗屋，就能消除狗「不知該如何是好」的不安。

●進入狗屋的訓練方法

(1)為狗套上帶有拉繩的項圈，帶牠到狗屋處，命令牠進「狗屋」，用手指著狗屋（狗籠）讓牠進入。

(2)不進入時輕推臀部，催促牠進入狗屋，做得不好時可以藉著狗喜歡的食物或玩具等引誘狗進入。

(3)進入後要稱讚狗「很好」。

POINT

●最初要輕推臀部，讓狗進入

●不願進入的狗可以藉由食物引誘牠

最初狗多半不願進入。可以將狗喜歡的食物放入狗屋的最深處，引誘牠進入。吃完後想出來要對牠說「等等」讓牠靜止，如果能夠稍微等待一陣子就要稱讚牠。

重複訓練，大半的狗在一週內就學會進入狗屋。

訓練的基本是重複進行。為狗著想，使牠有個充分休息的場所，因此一定要持續訓練。

●進入狗屋的方式＜重點＞●

●帶狗到狗屋前，指著狗屋對牠說「進狗屋」，讓牠進入。

●不進入時推牠的臀部讓狗進入。

●命令「等等」，教導狗在狗屋中等待，這時要開著門。

※不願進入時，可在狗屋深處放狗喜歡吃的食物引誘

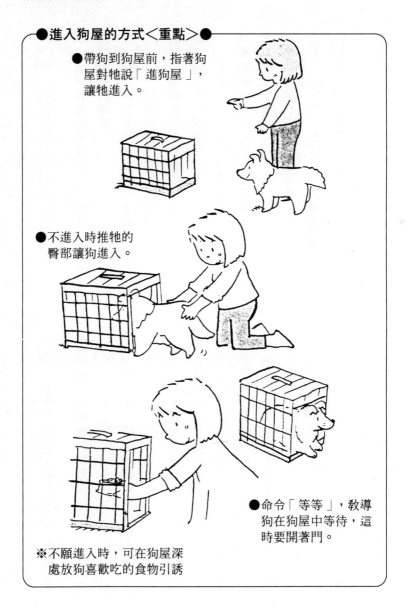

Q 訓練前該做些什麼事？

幼犬很喜歡惡作劇，在拜託他人訓練之前該做些什麼事？

A 拜託專門的訓練師之前，至少要進行不做壞事的訓練。幼犬惡作劇或自我主張強烈時是訓練的機會。錯過這個時期，以後的訓練也沒有用。

訓練的基本是「責罵」與「稱讚」。兩者要均衡地加以運用，才能決定將來是「好犬」還是「壞犬」。

責罵「不行」時，要用表情和動作加以責罵；稱讚牠「很好」時要用整個身體表現出明確的喜悅態度。

Q 肥胖犬的訓練時間為何？

肥胖犬的訓練時間是否該長於一般狗？

A 過於肥胖而增加運動量還不如找出肥胖的原因。和獸醫商量，接受日常管理的建議。

狗也有肥胖犬、瘦弱犬，體質各有不同。發育途中的狗不可過度訓練。

過度訓練會造成氣力、體力的負擔，會使狗不喜歡訓練。因此要仔細觀察體質和環境（熟悉的程度），尤其是特別肥胖的狗要緩慢地進行訓練。

Q 對於一責罵就膽怯的狗該如何訓練？

開始訓練狗後，一經責罵狗便膽怯，覺得牠很可憐，無法順利進行訓練。

A

開始訓練之前，了解狗的性格非常重要。狗是具有感受性、大膽性、知性、服從性等組合性格的動物。感受性較軟性的狗不容易接受刺激，一旦受到強制時會長時間產生嫌惡感，很不容易轉換心情；相反地，感受性較硬性的狗，即使肉體、精神受到強制，也能轉換心情，但大多是倔強頑固的狗。

你的狗可能屬於害羞、軟性型的狗，不要勉強訓練。對於這類狗要慢慢地邊稱讚、有耐心地持續訓練，絕不能操之過急。

Q 會咬人的狗該如何矯正？

與我關係親密的狗卻反抗丈夫，會咬他，有沒有矯正法呢？

A

可能是飼養方法錯誤。你太過疼愛狗而未加以真正的責罵。相反地，你的丈夫並不體貼狗，因此狗會警戒、反抗，這時光是用「不行喲！」這種含糊的態度無法改善狗的習慣。

尚未做出咬人的事情時就要做出嚴厲的體罰，真正表示生氣，尤其要用身體語言教導牠，讓狗知道自己做壞事是非常重要的一點。此外，也要消除對狗的偏見，對牠表現情愛，視狗為家族的一員。

●重點專欄●

訓練與禮儀

希望自己的狗是聰明的狗；希望自己的狗經由矯正後能成為好犬。依賴專門訓練人員的例子增加了。以下介紹訓練所需的費用。

●訓練的費用

期間	費用	備註
寄養訓練 1 個月	60000日幣	食物費、訓練費
帶往訓練場訓練	60000日幣	每週 3 天，持續 1 個月

（根據杉浦警犬訓練所）

基本訓練終了之前大概要花六個月時間，必須考慮期間的費用。

此外，訓練期間生病時的治療費等，事先一定要和代訓單位好好商量。

第四章

愛犬的健康管理

健康從護理開始

- 每天刷毛
- 耳、齒、爪子、身體的護理是不可或缺的
- 為了健康要勤於剪毛

「護理」必須養成習慣

你的愛犬是否保持清潔？

人類會洗澡、洗頭、護理肌膚……，不論在衛生面、美容面、健康面都要保持清潔。

但是狗沒有辦法自己護理，必須由飼主為牠護理，養成習慣才行。

如果放任不管，只做到餵狗吃喝，這是不對的作法，一旦疏忽就會使狗不健康而導致疾病。既然飼養狗，就要每天照顧牠，用心進行健康管理。

每天持續非常麻煩，但是為了預防疾病，不要嫌麻煩，每天都要護理，隨時保持狗身體的清潔。

■護理的標準

項目	標準	檢查重點
洗澡	1 個月洗 1 次	觀察皮膚狀態
剪爪子	1 個月 1 次	尤其是室內狗，要定期磨搓犬爪
刷毛	每天	長毛犬耳朵的前端，中毛犬耳朵後端容易形成毛球，要仔細觀察皮膚的狀態。
牙齒的護理	吃過東西後要刷牙	刷洗牙齒和牙齦。
耳朵的護理	洗澡時去除耳垢	經常檢查耳朵，觀察乾燥狀態。
剪毛	每二十天剪一次	觀察肛門、腹部、足部周圍毛的生長情形。
調理毛	委任專家處理的話，至少每三個月進行一次	檢查各部位的皮膚狀態

刷毛

整個身體被毛所覆蓋的狗，牠的梳理工作非常重要，尤其是長毛犬的毛容易附著塵埃，放任不管容易髒，同時容易打結或起毛球。到了這種地步就難以處理了，只好剪短毛。

刷毛可使被毛美麗，同時可促進血液循環，增進狗的健康，而且也能早期發現皮膚病，因此，要養成刷毛的習慣。

●**短毛種的情形**

(1)沿著毛排列的順序刷毛。

(2)接著反方向刷毛。

(3)最後用擰乾的毛巾擦拭。

●**長毛種的情形**

(1)腹部及四肢須仔細地刷理。

(2)毛較硬的部分用雙手掰開或剪斷。

■刷毛的方法

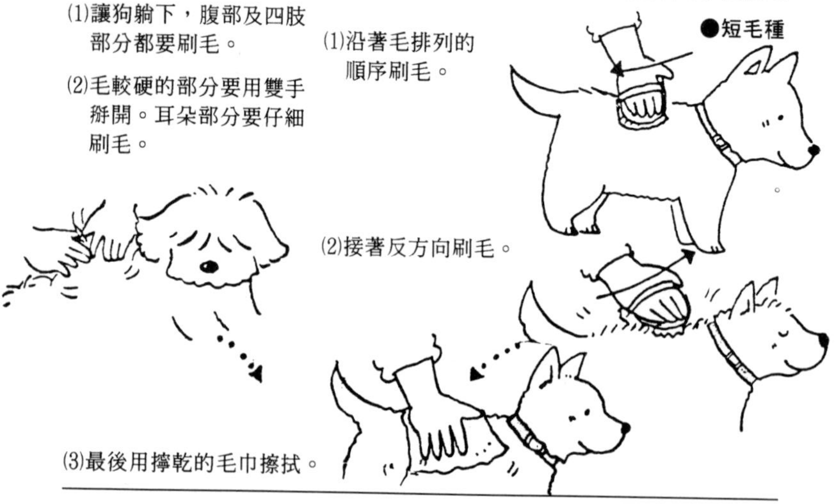
●短毛種
(1)沿著毛排列的順序刷毛。
(2)接著反方向刷毛。
(3)最後用擰乾的毛巾擦拭。
●長毛種
(1)讓狗躺下，腹部及四肢部分都要刷毛。
(2)毛較硬的部分要用雙手掰開。耳朵部分要仔細刷毛。

調理毛

刷毛以後用鐵梳子刷被毛，整理毛的形狀，稱為調理毛。這時，刷毛時無法處理的毛球或打結的毛及雜毛要充分去除。也就是藉著處理毛完全護理被毛，這才是完善的作法。

●調理毛的方法

(1)用齒梳較粗的鐵梳子梳全身，然後再用較細的梳子梳全身。

(2)逆向梳背毛。從身體的下部開始朝上部梳。

為狗護理毛時，要狗安靜地等待是很痛苦的事情，讓狗習慣梳毛或調理毛的方法有：

●護理之前讓狗充分地玩。

●護理時要和狗說話。

要很有耐心地養成習慣。

■調理毛的方法

▼順著毛生長的方向，用鐵梳子梳理全身的毛。

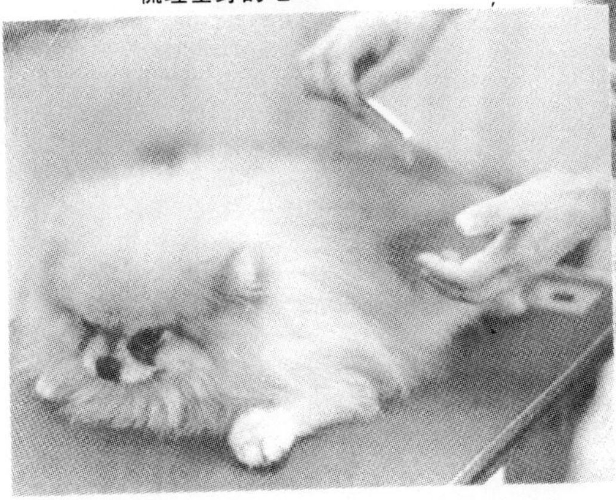

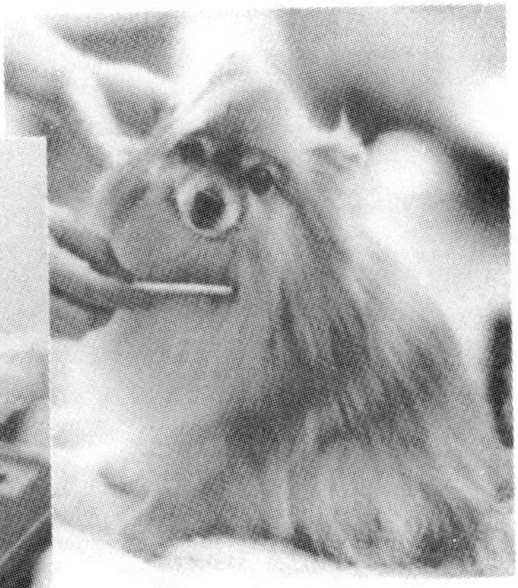

▲不要損害毛。按壓毛根，梳子梳毛尖的部分為重點。

■可在家庭中進行的梳理毛一覽表

種類	用具	目的與方法
刷毛	針刷、刮刷、龜殼刷	去除污垢、灰塵，刺激皮膚，促進血液循環。
調理毛	鐵梳子	去除打結的毛、毛球和跳蚤，使毛排列整齊。
修剪毛	剪刀	剪頭和身體的毛，調整整體的形狀。
固定毛	毛皮油、固定紙	為了保持美麗的被毛，要塗抹毛皮油，並用固定紙固定，防止毛打結。
洗澡	沐浴劑、潤絲精 吹風機、毛巾	利用沐浴劑保持身體的清潔，乾燥以後再刷毛、調理毛，吹整美麗的毛形。

●**長毛種**　為防止毛斷裂要用針刷刷毛，用鐵刷梳子修飾。
●**中毛種**　用刮刷刷毛，用鐵梳子修飾。
●**短毛種**　換毛期用刮刷刷毛，平常則使用龜殼刷。

■調理毛用具

刷子

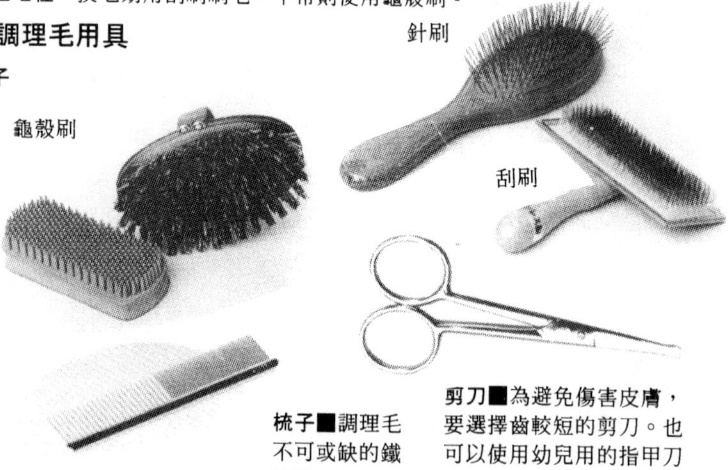

梳子■調理毛不可或缺的鐵梳子

剪刀■為避免傷害皮膚，要選擇齒較短的剪刀。也可以使用幼兒用的指甲刀

「擦拭」就好像淋雨一樣

想參加狗展時另當別論，家庭犬要考慮狗的健康和容易活動的問題，進行護理。尤其是長毛種的室內犬，平常為了易於護理，容易骯髒部位的被毛要剪短。

汚物積存時，容易形成毛球，看起來不衛生，並且會變成更難護理。

放任不管會導致皮膚病或血液循環不良，也是跳蚤和蟎寄生的原因。這些寄生蟲會導致傳染病，因此要特別注意。

●散步後沾上灰塵的身體、口、手腳要擦拭乾淨。但濕氣會成為指間糜爛的原因，因此指尖不可泡水清洗。

●將尾巴根部、肛門周圍、前後足的毛剪短，隨時保持清潔。

■身體保持乾淨最重要

●散步回來後，用乾毛巾充分擦拭狗的身體、口和四肢，但是不可沖洗足部。

●刷毛後用擰乾的毛巾去除身體的汚垢。

犬爪的護理

長長的犬爪一定要剪掉。人類也是如此，指甲太長時會抓傷皮膚，或是指甲斷裂導致意想不到的傷害。

尤其是運動量較小的室內犬（小型犬）犬爪不容易磨損，很容易長長。在外有較多行走機會的屋外犬，爪子會磨損，但狠爪會深入皮膚內，因此一定要剪掉。

犬爪每個月要修剪一次，趁著洗澡後柔軟時修剪。修剪的部分是較尖的前端，必須注意不可剪到血管。白色的爪子可以看到血管，但黑色的爪子則很難看到血管，會造成傷害，一旦剪得太深，有的狗就不願意再剪爪子，因此一定要注意。

■剪犬爪的方法

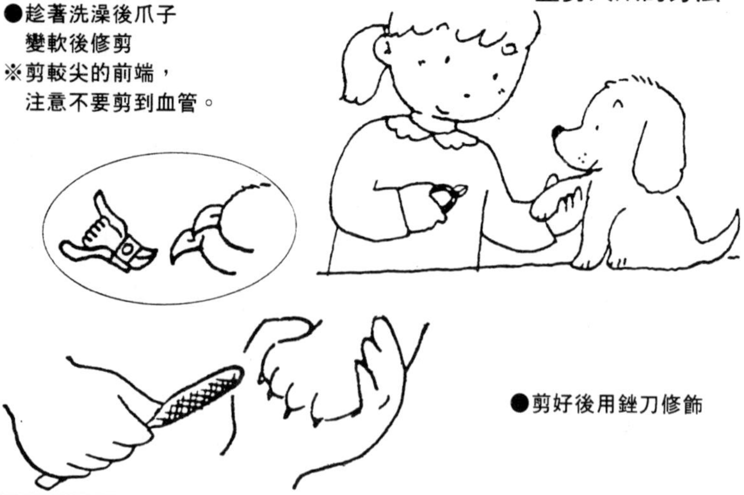

●趁著洗澡後爪子
變軟後修剪
※剪較尖的前端，
注意不要剪到血管。
●剪好後用銼刀修飾

牙齒的護理

隨著狗食的多樣化、高級化，狗的飲食生活也和人類一樣，出現明顯的「柔軟傾向」。

其結果，食物殘渣會留在牙齒，成為齒垢的原因。如果放任不理，會產生口臭和牙結石，最後會導致齒槽膿漏和齒肉炎，最後甚至牙齒掉光。

先決預防法是去除導致疾病的齒垢。

●刷牙的方法

(1)在右手食指捲上紗布，張開狗的口部，用手指上下按摩狗的牙齒、牙齦。

(2)最初從前齒進行，使狗慢慢習慣。

形成結石之前，平時就要在飯後為狗清潔牙齒。結石尚少時就要讓獸醫檢查，妥善護理就不容易掉牙齒。

■刷牙的重點

●用左手張開狗的口部，右手食指捲上紗布，摩擦牙齒、牙齦，去除食物殘渣

●起初從前齒開始，慢慢養成飯後刷牙的習慣。

●有的狗不喜歡刷牙，要溫柔地鼓勵牠。

※也可以使用犬用牙刷。

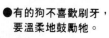

耳朵的護理

耳部因犬種不同，形狀大小互異，耳孔因為突起物複雜，會出現分泌物，即使是健康的狗，耳部也容易積存污垢。

尤其像貴賓犬或瑪爾濟斯犬等耳中長毛的犬種，容易積存耳垢，必須經常清除，否則會成為耳朵靡爛的原因。耳朵要隨時保持乾燥、清潔。

●時常檢查耳朵，用棉花棒去除污垢。

●耳中的毛不髒不要拔除，只要剪短即可。任意拔除毛會造成外耳炎。

●為避免耳靡爛，洗澡時耳朵不可以進水。

狗的耳道彎曲成L型，一旦引起外耳炎，藥液很難注入深處，因此要充分護理，防止外耳炎。

■耳朵護理的重點

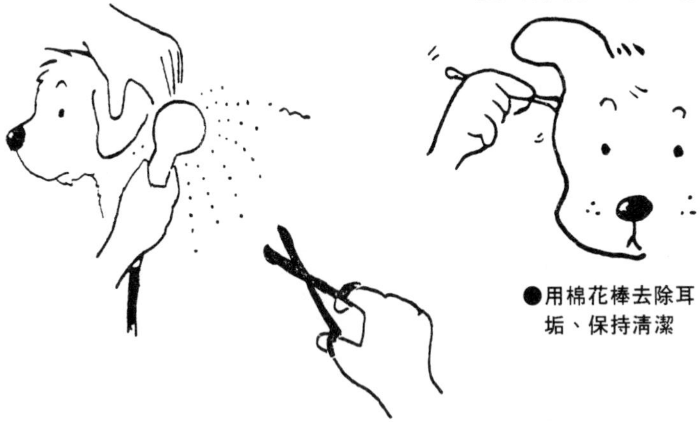

●用棉花棒去除耳垢、保持清潔

●長出來的毛如果不髒不要隨意拔除。

●洗澡時避免水進入耳中，隨時保持耳朵乾燥、清潔。

調理毛

調理毛不僅為了外觀美麗。家庭犬也可藉以引出犬種的個性，清潔、健康、活動非常重要，尤其是長毛種的毛太長，會成為受傷的原因。平常的護理可在家庭中進行。至少三個月要找專家為狗調理毛。

●修剪的重點

(1)首先決定毛的長度。

(2)使用鐵梳及剪子，好像橫切毛似地慢慢修剪，毛較厚的部位再剪一次。

(3)肛門、腹部、腳周圍剪到不會妨礙行進的程度。腳趾周圍及腳底要小心地修剪。修剪腳底時，可使用幼兒用的指甲，以免剪傷皮膚。如果是公犬，為避免剪傷陰部，一定要用手指遮蓋再修剪。

■調理毛的方法

剪刀的使用方法

●使用鐵梳子，好像橫切毛般，一點一點修剪。一邊刷毛，一邊將厚的地方再剪一次

●肛門、腹部、腳修剪到不會妨礙活動的程度。

●腳底用幼兒用的指甲刀修剪

※任何情況都要使用刷子和鐵梳子進行作業，剪刀朝向身體外側。

洗澡的方法

洗澡是保持身體清潔不可或缺的方法之一。出生後三個月開始，要養成狗洗澡的習慣。沒有體力的幼犬勉強讓牠洗澡會感冒或產生恐懼心，以後要處理就很麻煩了。

屋外和室內的飼養法造成狗的骯髒度不同，感覺到明顯的骯髒時，或是有惡臭時就要洗澡，標準是一個月一至二次。

〈準備用品〉

●狗用沐浴劑、潤絲精、毛巾、梳子、刷子、吹風機、墊子、盆子、熱水等。

沐浴劑分為液體型和粉末型，還有不需要沖洗的粉末沐浴劑或是不需水的發泡沐浴劑等，只要刷毛或是擦拭就能去除，非常方便。

■沐浴前要做的事情

⑴沐浴前一定要刷毛、調理毛、拔除毛、去除毛球和打結的毛。

⑶使用沐浴劑之前一定要先沖水，充分淋上溫熱水。

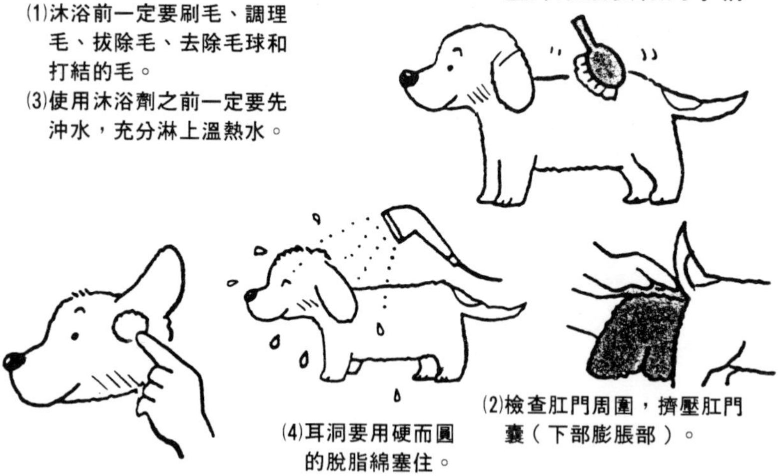

⑷耳洞要用硬而圓的脫脂綿塞住。

⑵檢查肛門周圍，擠壓肛門囊（下部膨脹部）。

■洗澡的順序和技巧

⑴使用沐浴劑

室內：將身體淋濕，稀釋的沐浴劑依序塗抹在頸、肩、背部、臀部、尾部，然後清洗胸、側腹、腹部、四肢。

室外：在大盆中放入溫熱水，用同樣的方法清洗。

⑵沖洗

無論在室內外都要仔細地沖洗。在室外可利用盆子或淋浴的方式完全沖淨沐浴劑，如果劑液殘留會導致皮膚病，必須注意。

⑶仔細清洗四肢

沐浴劑易殘留在四肢，因此趾間、腳底的沐浴劑要徹底洗淨。

⑷潤絲後再沖洗一次。

⑸擦乾水分

用乾毛巾擦乾水分。仔細擦拭耳後和後頸部。

⑹吹乾

一邊刷毛，一邊用吹風機迅速吹乾。

⑺完成

用梳子梳理毛，用棉花棒去除耳朵的水分。

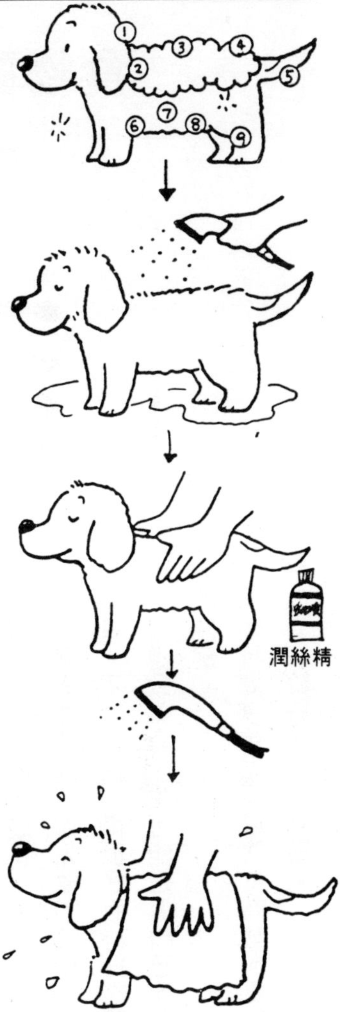

※吹風機不要吹臉的正面，用擰乾的毛巾擦拭臉和頭部，最後用乾毛巾再擦拭一次。

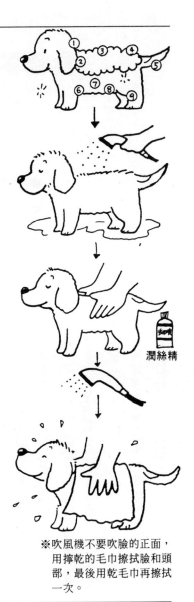

食物的給與方式

●遵守飲食的次數

●不要給與過多零食

●一個月量一次體重

●配合季節給與

均衡的飲食

狗原本是捕食獵物的肉食獸。證明就是牙齒和下顎消化器官發達，即使將肉整個吞下也能消化，具有極大的胃袋。但是並非給狗吃肉就夠了。和人類一樣，蛋白質、脂肪、碳水化合物三大營養素，加上維他命、礦物質都是不可或缺的。尤其是發育期的幼犬，均衡的飲食非常重要。

狗會在短期間內成長，因此，各營養素的攝取量與人類不同。首先要了解狗一天所需的營養量。不要因為吃得很好而給狗吃同樣的東西，會導致偏食，也可能是引起肥胖等各種疾病的關鍵。

維持健康首先要以飲食為基本要件，以最好的方法給與適合牠的量。

■狗一天所需的營養素

（相當於體重 1 kg）

營養素		成犬	幼犬
蛋白質		4.8 g	9.6 g
脂肪		1.1 g	2.2 g
亞油酸		0.22 g	0.44 g
礦物質類	鈣質	242 mg	484 mg
	磷	198 mg	396 mg
	鉀	132 mg	264 mg
	氯化鈉	242 mg	484 mg
	鎂	8.8 mg	17.6 mg
	鐵	1.32 mg	2.64 mg
	銅	0.16 mg	0.32 mg
	錳	0.11 mg	0.22 mg
	鋅	1.1 mg	2.2 mg
	碘	0.034 mg	0.068 mg
	硒	2.42 μg	4.84 μg
維他命類	維他命A	110 IU	220 IU
	維他命D	11 IU	22 IU
	維他命E	1.1 IU	2.2 IU
	維他命B_1	22 μg	44 μg
	維他命B_2	48 μg	96 μg
	泛酸	220 μg	440 μg
	煙酸	250 μg	500 μg
	維他命B_6	22 μg	44 μg
	葉素	4.0 μg	8.0 μg
	維他命H	2.2 μg	4.4 μg
	維他命$_{12}$	0.5 μg	1.0 μg
	膽鹼	26 μg	52 μg

（IU：維他命的國際單位，μg：微克）

出處■美國國立科學研究所基準

- ●蛋白質以成犬而言，體重 1 公斤需要4.8公克。約為人類的 4 倍。
- ●脂肪：成犬1.1公克，比人類更少。肉和魚中所含的動物性脂肪給與過多會導致肥胖，必須充分注意。
- ●鈣磷的比率為1.2比1。給與太多肉類，磷的攝取量會增加好幾倍，必須注意。
- ●鈣質必須和維他命D一併攝取，否則無法被吸收，所以能合成維他命D的日光浴是不可或缺的，因此散步非常重要。

配合成長的次數

出生後不久的幼犬容易下痢，大多是食物給與過多所造成的。雖然消化器官發達，但是幼犬的胃和腸等消化器官較小，消化力較弱。

不可給與過多，否則會引起痲煩，所以一定要知道飲食的適當次數和量。出生後三個月以前的幼犬，重點是一次的給與量要減少，增加給與的次數。

●用餐次數的標準

①出生後三個月之前　三～五次。
②五～六個月之前　二～三次。
③八～十二個月之前　二次。
④過了一歲　一～二次。
⑤老犬　三～四次，回到與幼犬飲食同樣的次數。

知道狗的體重

給與量依犬種而異。大致而言，成犬體重一公斤大約為八十大卡，小型犬則需要一百大卡的熱量，發育顯著的幼犬需要攝取成犬兩倍的熱量。

但是不可能每次都計算熱量，這時，可以利用的飲食量標準是乾狗糧。乾狗糧上會標示一天的給與量和熱量，依商品不同而有些微差距，成犬用乾狗糧一百公克約為三百六十大卡。

以狗的體重為基礎，計算基礎代謝熱量，因此，了解狗的體重非常重要，吃法亦因狗而異。配合體重給與飲食就可防止肥胖。每個月要測量一次體重。

■一日用餐的次數和量的標準

①出生後 3 個月之前……	3 ～ 5 次
② 5 ～ 6 個月……………	2 ～ 3 次
③ 8 ～12個月……………	2 次
④12個月以後……………	1 ～ 2 次
⑤成犬……………………	1 次
⑥老犬……………………	3 ～ 4 次

■分量的給與方式

●配合體重給與乾狗糧

●如果剩下的話，下一次要減少給與量

●吃完後若不離開食器，表示不夠，下次要稍微增加量

四季飲食的工夫

人和狗一旦面臨冷暖差距時，體調容易崩潰。狗不耐熱，食慾會減退，因此要配合季節給與飲食。

春——●控制熱量，讓狗充分運動。

夏——●食物容易腐敗。趁涼爽時儘早給與食物，天氣變涼後的傍晚再給與晚餐。●食物一定要煮熟，否則容易腐爛，給與的食物有剩餘的話要立刻收拾。

秋——●展現食慾的季節，但不可給與過多。

冬——●為了保持體溫，要多給與熱量。尤其短毛犬比夏天要多給與兩成的食物。

秋
●食慾旺盛的季節，但還是不能給與過多。
增加2成
冬
●給與脂肪較多的肉類以保持體溫
●太熱的食物會導致胃炎

●狗不能吃的食物●

●**硬骨**
如果刺在口內喉嚨時會損害消化器官

●**甜食**
蛋糕或巧克力會導致肥胖。

●**雞胸肉、瘦肉**
良質蛋白質很多，光吃肉會導致鈣質缺乏。所以絕對不能只依賴肉類攝取熱量。

●**洋蔥**
蔥類對於狗的紅血球會產生強毒性。一旦吃了以後會引起貧血或血尿等重毒症狀。

■四季別飲食的給與方式<重點>

春

●控制熱量的給與，讓狗充分運動。

夏

●早餐要儘早吃，晚餐要晚些吃，在涼爽的時間再給與。
●肉類一定要煮熟。
●吃剩的立刻拿走，不要讓狗吃剩下的食物

利用狗食

狗食富於變化。乾狗糧能夠保存，而且營養均衡，是完全食。方便、經濟，可以廣泛活用。

優點較多的乾狗糧，為了提高保存性，添加了許多食品添加物。除了便利外，也必須考慮這些問題，須巧妙地給與。

●給與時的注意事項

①要充分了解乾狗糧的特徵，不要每天給同樣的東西，有時要親手做些狗食。

②光是給與狗喜歡的全肉型的飲食會造成營養偏差，成為偏食、肥胖之源。一定要搭配其他食物。

③一定要加新鮮的水及飼主的情愛來餵食。

■狗食的種類與特徵

種類	特徵	優點、缺點
乾燥型	水分10%以下的固體型，圓顆粒狀 成分以穀類為主	具有保存性 價格合理經濟 營養均衡為完全食
半乾濕型	水分25%到35%左右，為柔軟型 成分以肉為主	因為柔軟，適合做為幼犬的斷奶食，比乾狗糧的營養價值低，不易保存
潮濕型	水分75%左右，將魚或肉做成糊狀罐頭，以全肉型較多	嗜好性最佳，但價格昂貴，不好保存

老犬的餵食法和幼犬相同

狗到了六、七歲時開始出現老化的現象。隨著年齡的增長而行動遲鈍，眼、耳、鼻、內臟各器官的功能衰退，感到驕傲的牙齒也變得脆弱，甚至會出現齒槽膿漏等牙齒的疾病。

狗和人類一樣，隨著年齡的增長會出現毛病，消化能力減退，因此要給與易消化、高熱量的食物。

●老犬餵食法

①食物溫度接近人的體溫。
②不要給與不易消化的食物。
③給與柔軟的食物。次數和幼犬一樣為三～四次。
④新鮮的水不可或缺。

運動量減少，消耗的熱量當然也會減少，所以就算食量減少也不必擔心。

■用途別各式狗食

幼犬和授乳期食用的乾狗糧▶

▲半乾濕型與濕型

◀幼犬用奶粉

※除此以外，還有幼犬用、老犬用、幼犬斷奶時、疾病別處方食等，可配合用途分別使用。

健康管理時間表

●均衡營養
●利用散步做適度的運動
●預防疾病
●進行去勢、避孕手術

遵守四項原則

為了保護愛犬的健康，飼主的情愛非常重要，以下四點也很重要：

●足夠的營養
●適度的運動
●每天的護理
●疾病的預防

給與規律、正常的飲食（次數、量）及每天的護理、適度的散步運動等，對於健康而言是不可或缺的。每天都要持續進行健康管理。

為了過更舒適的生活，每天都要注意狗的樣子。

預防接種可預防特定的疾病，儘可能接受定期檢診。

■犬的健康維持四法則

●給與營養均衡的飲食
●適度地運動不可或缺
DC
●每天護理
●預防疾病

心理是健康的基本

為了使狗健康成長，飲食生活和護理非常重要，此外，不要忘了狗的心理健康。

光是讓狗終日待在室內而未散步，或是栓在狗屋裡光是讓牠看家，會造成狗慾求不滿的狀態。為了尋求宣洩，會咬東西或是隨便亂吠，出現不良行動。

為狗建立一個不會積存壓力的舒適生活，非常重要。

●充滿情愛地與狗建立親膚關係。

●足夠的散步與遊戲（運動）。

●配合季節，調整居住環境。

尤其是散步必須每天進行，這是滿足愛犬身心的重點。

兩項基本檢查

每天接觸狗能夠檢查健康狀態。但是一些緩慢進行的疾病不會像急性症狀般容易觀察。因此，未具備基本的疾病知識就容易忽略。

「這孩子一直抓耳朵是不是壞習慣呀？」像這些飼主不認為是疾病的症狀、而視為壞習慣時非常危險。經過一段時間後，疾病可能會惡化。

每天早上狗開始活動時，要檢查以下兩點：

①是否有元氣。

②是否有食慾。

沒有元氣或不想吃東西時，就必須要檢查了。

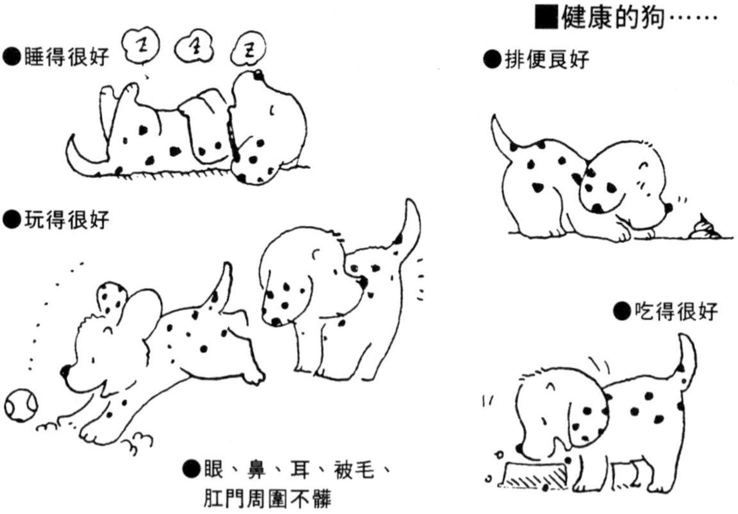

健康檢查的基本

■檢查重點1＜早上清醒時＞

●是否有元氣

●是否有食慾

●生命力弱，一直躺著睡覺

■檢查重點2＜觀察狗的動作＞

●即使給與食物也不吃或是吃的少

●尾巴下垂、走路無力

●不想去散步

■檢查重點3<觀察症狀>

雖然有食慾，但是和平常的樣子不一樣時要仔細檢查。

●排軟便或下痢便

●尿的顏色和味道

骯髒是異常的訊號

健康的狗隨時保持身體乾淨、被毛光亮。但洗過澡不久卻感覺被毛髒，或是眼、耳、口、鼻、肛門、外陰部各部位髒時，則是不健康的狀態。

骯髒可能是下痢或出現眼屎，或流口水的證明，因此，被毛或部位周圍出現髒污。

如果出現這些明顯的異常訊號，就必須要處理才行。

觀察狀況，了解狗是否生病，因為牠不會說話，所以要接受獸醫的診察，才能早期發現，早期治療疾病，擔心之前做適切地判斷、進行診察非常重要。

●齒肉的顏色和光澤

●排尿和排便的姿勢

●眼、耳、口、肛門
周圍骯髒
●被毛骯髒

●撫摸身體時會覺得疼痛

●鼻子乾燥

預防可怕的傳染病

狗的飲食生活和以前相比，變得非常豐富，此外，狗的居住環境冷暖氣設備完善，非常舒適。但是，新的疾病也伴隨著增加了。

隨著預防醫學進步，以前一旦罹患傳染病就會死亡的可怕疾病都可以預防。為了狗的健康，一定要預防疾病。

像最可怕的犬溫熱病、傳染性肝炎、小去氧核糖核酸病毒感染症、鈎端螺旋體症、副流感病毒症等，都有混合疫苗可以使用，在決定好的時期接種就能完全預防。

此外，以蚊為媒介的絲蟲症發生時期是幾個月內，所以，只要一個月投與一次預防藥就能完全防止。

■預防接種、檢診時間表

時　　期	種　　類
出生後第3週	檢便、驅蟲
出生後60天	接種混合疫苗
90天	接種混合疫苗，狂犬病的預防接種
12個月	檢便、驅蟲、混合疫苗接種
1歲以上	1年1次檢便、驅蟲
7歲以後	以後1年做1次定期健康診斷

※絲蟲症的預防，依地區而異。在蚊子發生的6～11月，1個月要投與1次藥。

※狂犬病的預防接種每年春天進行1次。

做去勢、避孕手術

我的醫院經常貼著「初生幼犬送人」的訊息照片。

受人疼愛的狗非常幸福，但有些狗卻不幸被丟棄。野狗被捕獲後會送往動物管理事務所收容一週，但是這段期間內若無人認領，就會被處分掉。

為避免這類不幸的事情發生，母犬必須做避孕手術，公犬必須做去勢手術。

避孕手術不會造成生理的紊亂，同時還能預防生殖器方面的疾病。對於公犬而言也相同，會變得不亂吠叫且溫馴。出生後十個月左右可進行手術。如果狗早進行手術會導致荷爾蒙平衡失調，造成掉毛，必須注意。

■去勢避孕的時期——出生後過了10個月後進行手術。
太早進行手術會導致荷爾蒙失調、掉毛，必須注意。

利用散步觀察健康度

不論寒暑，帶愛犬散步能保持健康。配合生活步調，早晚帶狗享受散步之樂吧！

●散步時的要點

①老犬和幼犬不要勉強帶去散步，因為體溫調節能力不佳。

②散步中檢查健康度。若不想散步或中途坐下或比人走得慢時，必須檢查。

③不只是下雨天，平時散步回來後一定要為狗擦拭身體，去除污垢和灰塵。

下雨的日子要縮短散步的時間，一天散步一次。

散步不僅對狗有益，同時也是使你自己煥然一新的絕佳機會。

■運動量的標準

犬種	運動量	場所、方法
超小型犬	早晚各10～20分鐘	屋外、庭院
小型犬	早晚各15～20分鐘	屋外、庭院
中型犬	早晚各30～40分鐘	屋外、騎腳踏車運動
大型犬	早晚各40～50分鐘	屋外、由訓練師進行運動

※使用拉繩的運動在狗出生後4～5個月才開始進行。
※老犬、幼犬不要勉強做運動。

居住環境的照顧

狗的居家生活如何呢？好不容易處理好的狗屋、睡床、廁所等，如果不衛生就糟了。

尤其是夏天，容易孳生跳蚤和蟎，要隨時保持清潔的環境。

①每週利用日光消毒狗屋一至二次，或用鹼性肥皂擦拭。

②地毯要經常用吸塵器清理，並且要勤於清除吸塵器內的垃圾，保持吸塵器的清潔。

③夏天時，飼養屋外犬要預防蚊子進入狗屋。

④清洗狗屋，擱置場所地面要吹風、曬太陽。

狗無法自己注意這些問題，飼主必須像每天照顧自己的家一樣，好好照顧牠的居住環境。

■狗屋要保持清潔

●每週曬狗屋，曬1～2次日光。
●地毯要用吸塵器清理
●吸塵器本身保持清潔
●夏天時，屋外犬的狗屋要點蚊香。
●狗屋下的地面要曬太陽。

健康管理表

夏

照顧

趁著早上涼爽時散步。
屋外犬的狗屋要放在陰涼處。
室內的冷氣不要太強，要進行溫度調節。

預防

預防跳蚤或蟎等寄生蟲，狗屋、室內要徹底驅蟲

飲食

食品容易腐爛的時期。開封後一定要放在沒有濕氣的場所。
食器保持清潔，食慾減退時期，食物要在涼爽的時間給與。

疾病

容易發生皮膚病的時期。
要勤於照顧，預防中暑。

冬

照顧

寒冷時讓屋外犬進入家中，以預防疾病。
注意暖氣設備的意外事故（缺氧）。
寒冷的日子也不忘散步。

預防

散步回來後要刷毛，保持身體溫暖。

飲食

給與蛋白質、脂肪含量較多的食物。短毛種比夏季多給與兩成的食物。

疾病

注意支氣管炎、肺炎、喉嚨的疾病。

四季

春

照顧　換毛期要仔細進行刷毛。由於氣溫度變化較激烈，幼犬、老犬、慢性病犬必須注意。須進行室內溫度管理及狗屋防寒。

預防　狂犬病預防接種。
預防絲蟲症藥須於獸醫檢查後再使用。

飲食　控制熱量、充分運動。

疾病　由於氣溫變化激烈，必須注意感冒。

秋

照顧　照顧受到夏日陽光曬傷的被毛。

預防　到秋天仍留下的跳蚤、蟎要加以驅除。
趁著秋日晴朗的時候，狗屋要曬太陽。

飲食　是恢復體力的時期，但不可給與過多食物，以免導致肥胖。

疾病　氣溫變化激烈的時期要注意感冒。

Q 家庭中為狗調理毛的秘訣是什麼？

請告知家庭中為狗調理毛的秘訣。

A

首先要注意狗的皮膚，不要讓牠留下慘痛的回憶。尤其是腳底和趾間的毛，修剪時必須注意，使用幼兒用指甲刀可避免失敗。

肛門周圍、腹部、腳的周圍就算毛剪不齊也不要緊。可以適當地剪成自己想要的長度。必須注意不可傷害公犬的陰部。要用手指遮蓋保護再剪。

平常的照顧以不花錢為基本。但一至三個月內要請專家調理毛。（參考一一七頁）

Q 小型犬需要戶外運動嗎？

飼養的是瑪爾濟斯犬，需要戶外運動嗎？

A

超小型犬不需要特別的運動。不過運動量依犬種而異。運動必須配合犬種進行。

像瑪爾濟斯犬、約克夏、博美犬等只要在家中玩，就是足夠的運動了。

每天一次讓狗到庭院呼吸新鮮的空氣、轉換心情。如果真的很想讓小型犬散步，早晚在住家周圍散步十分鐘，時間不可太長。

散步中要避免與其他狗發生爭執或因而受傷。

Q　狗需要吃蔬菜、水果嗎？

只給與乾狗糧，未給與蔬菜、水果也無妨嗎？

A

未給與蔬菜不要緊，因為乾狗糧是完全營養食，給得太多反而會破壞營養的均衡。如果給與全肉型食品，另外還需給與蔬菜、水果以補充維他命。

此外，吃飯的狗可以藉著米攝取維他命，即使未給與蔬菜，營養上也沒有問題。

Q　幼犬何時可到屋外？

在屋外飼養時，狗出生後幾個月可以外出？

A

依開始飼養的季節而異。基本上，幼犬來到家中時就已經可以讓牠到屋外了。如果因為是幼犬而只在室內飼養，反而會只記得室內的舒適，反而不喜歡到屋外。

覺得狗可憐的溺愛行為反而會影響狗。因此，天氣好時就要讓狗進入屋外的狗屋生活。

冬天時可將狗屋置於玄關，春天時再移到庭院中。不耐寒的柴犬等短毛犬，要設法為其防寒。

暖器設備需小心使用，以免被狗咬傷而導致事故。冬天時，狗屋要用舊的浴巾做成簾子遮蔽寒風。

重點專欄

照顧和費用

平常的照顧可在家中進行。但每隔幾個月要請專家照顧一次。

這個費用表是日本東京區部的收費標準。但依地區不同價差也大。

為避免愛犬的被毛打結，每天的調理非常重要。因為非常費時且價格不便宜，所以平時的照顧一定要徹底。

●犬的照顧、費用標準

種　別	犬　種	價格的標準	備　註
清　理	瑪爾濟斯 博美犬 約克夏	4～6000日圓	腹部、腳周圍的處理，擠肛門囊，以及包括剪犬爪、清理耳部在內，全部包含。
	黃金獵犬	10000日圓	
	西施犬	5～6000日圓	
調理毛	白色㹴犬	7～8000日圓	用推子全部修剪
	瑪爾濟斯 博美犬 約克夏	6～8000日圓	
	西施犬	7～10000日圓	
	貴賓犬（小型）	8～10000日圓	
	處理毛球	加1,000日圓	

（根據「渡邊狗店」的調查）

第五章

觀察疾病的訊號

疾病的訊號

- 擁有深切的情愛和注意力
- 具有對疾病的知識
- 了解異常的訊號，早期發現、早期治療

疾病是飼主的責任

狗不像人類會說話，即使身體某處痛苦也不會用言語告訴你。

如果狗的吠聲較弱、沒有食慾、和平常的情形不一樣時，要迅速觀察異常狀況，給與適當的治療和處置。

飼養時，要讓狗接受預防注射，能夠預防的疾病全部要加以預防，這一點非常重要。

只能活十五到十六年的狗，如果因為生病而縮短壽命，不僅是狗的不幸，身為飼主的你也會留下悔恨，因此一定要保護狗免於疾病，健康地生活。

這需要對狗抱持深切的情愛、對疾病有基本知識，且具有分辨異常的注意力。以發揮關鍵性的作用。

檢查食慾

疾病以預防為第一要務。若不幸罹患疾病時，重點是早期發現、早期治療。狗的疾病和人類同樣有：

●**只要靜養就能自然痊癒的疾病。**

●**經過一段時間會惡化的疾病。**

●**症狀會突然惡化的疾病。**

不能光靠症狀判斷，應儘早接受獸醫的診治。

如果你認為「再觀察一下」，在浪費時間的同時可能會造成令你感到遺憾的事。

為了做正確的判斷，具有疾病的相關知識非常重要。

最近，隨著獸醫學的進步以及預防疾病的普及，與飲食生活的改善，狗和人類同樣擁有長生化的傾向。

儘管如此，狗不會自己預防或治療疾病，這是身為飼主者的責任。所以一定要牢記保護狗免於疾病的威脅。

如何掌握異常訊號呢？首先：

●**食慾減退**

●**是否想吐**

●**是否下痢**

●**是否咳嗽或發燒**

●**是否疼痛**

要檢查這幾項。

健康的指標是食慾。平常過著規律正常飲食生活的狗，如果突然缺乏食慾就必須要注意了。飽食、過食也是疾病。伴隨產生的症狀要仔細觀察，並和獸醫商量。

症狀別檢查重點

- 仔細觀察症狀
- 和平常樣子不同時，首先要量體溫
- 無法處理時立刻送到醫院

掌握異常的訊號

沒有元氣、動作遲鈍、沒有食慾等，如果發現樣子和平常不一樣時，就要想「可能是哪裡不舒服」，要仔細觀察。

這些動作和症狀不一定全都是疾病的表現，但身為飼主者一定要考慮這個問題。狗無法用語言表達牠的痛苦，因此，仔細注意狗的狀況，是飼主的責任及情愛。

樣子異常時，要測量體溫，在家庭中盡可能加以處理，如果還是無法處理時，要立刻接受獸醫的診斷，做適當的治療。

所以要仔細觀察狗，了解異常的訊號。以下依症狀別分別敘述可能的疾病。

沒有食慾

POINT

①先測量溫度。沒有發燒的話觀察樣子。
②發燒時要檢查糞便和咳嗽等其他症狀。
③有很多不會發燒的疾病。
④如果沒有辦法和飼主溝通時則是異常現象。

有無食慾是觀察異常的第一個檢查重點。如果不像平常一樣吃東西，食物幾乎一口也不吃，或是剩餘很多時，首先要測量體溫。

食慾會隨著季節而增減。夏天天氣熱時食慾會減低，秋天時會漸漸地恢復。此外，有時雖然很有元氣地跑跳，卻沒有食慾，這些問題都必須注意，以了解正常或異常狀態。

平常若沒有活潑的動作，一旦缺乏食慾時，要接受獸醫的診察。當然要向醫生說明到底和平時有何差異。

沒有元氣

POINT

①仔細觀察整個身體。
②皮膚以外的部分，眼、鼻、口、耳、肛門、陰部等皮膚的開口部是否異常。
③觀察開口部的分泌物。
④觀察走路的樣子。
⑤測量體溫。

如果你和家人叫喚牠都不過來，或是輕輕地搖尾巴，有氣無力地慢慢走近你。平常最喜歡散步的牠卻不想去了，這些可能就是體調不好的證據。

分泌物的顏色與氣味異於平常，或摻雜著血或皮膚靡爛或發燒等症狀出現時，一定要接受診察，加以處理。

此外，運動過度或睡眠不足可能會導致疲倦，必須考慮這項要素加以判斷。

鼻子乾燥

※睡眠時鼻子乾燥

POINT

①鼻子乾燥時發燒。
②測量體溫，發燒的話送醫院。
③雖然潮濕但沒有元氣時，可能是罹患不會發燒的疾病。

狗的鼻子只有在睡覺時和剛清醒時是乾燥的。起床後不久就會出現透明的水滴濡濕鼻鏡。充分含有水分、散發光輝的鼻子是「健康的象徵」，這也是觀察健康度的重點。

如果在起床時沒有元氣、鼻子乾燥，可能是發燒的證明，要立即測量體溫。如果發燒就疑似傳染病，需接受獸醫診治。如果熱度不高且活動旺盛，就不用擔心。但鼻子潮濕也可能罹患一些不會發燒的疾病，必須注意。

仔細觀察元氣和食慾等都很重要。

嘔　吐

POINT
①嘔吐的方式、次數。
②嘔吐物的顏色、形狀要加以確認。
③嘔吐後是否有食慾。

狗是肉食性動物，如果因為食物內容不同，吃了一些不易消化的東西就會吐出來。吐出來是因為胃無法接受這種食物，例如吞下異物（毒物）等，或是舔了這些食物時，胃和腸等消化器官出現異常時就會嘔吐。

依原因不同，嘔吐方式也有不同，如果吐過之後沒事情就沒有問題。

出現以下症狀時必須注意。

●**頻頻劇烈嘔吐，伴隨下痢症狀**。
●**嘔吐物有強烈臭味**。

原因可能是傳染病或消化器官疾病，應接受獸醫診治。

流口水

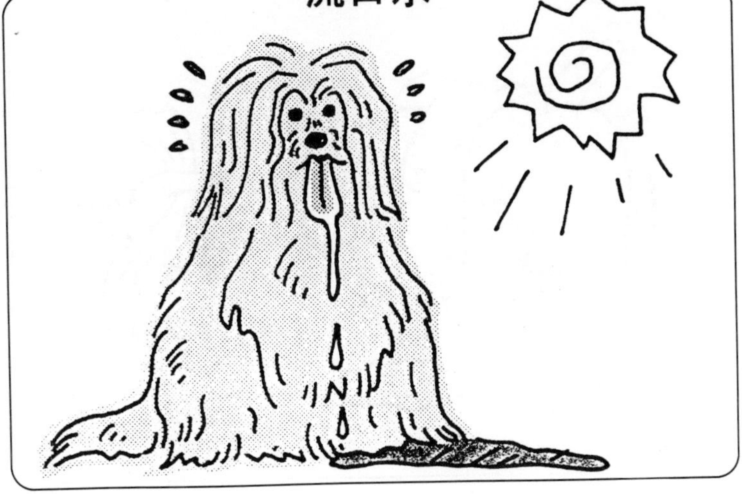

POINT

①口水量及性質要仔細檢查。
②確認有無咳嗽等其他症狀。
③發現異常時儘快送往醫院。

口吻較短的狗或嘴唇下垂的狗，因犬種不同，有的狗很容易流口水。在夏天暑熱時，也可能會伸出舌頭並流口水地喘氣。但是口水的量和質如果和平常不同時，需注意以下要點加以檢查。

●量是否過多。

●性質如何（氣泡狀、有惡臭、摻雜血液等）。

●口水流不止或一直不流口水。

●是否咳嗽或發燒。

出現這些症狀時，可以考慮可能是口內或喉嚨、牙齒、舌頭、下顎、消化器官等疾病，要接受獸醫診治。

下　痢

POINT

①仔細檢查糞便的性質、顏色和次數。
②這是與生命休戚相關的疾病，要儘早送醫。

如果吃了不對的食物或吃得太多，也會引起下痢。尤其是幼犬，給與太多食物會引起下痢。

當然，如果吃了腐壞的食物時會引起下痢，所以，夏天的飲食要充分注意。

如果清楚原因還好。但同樣是下痢，有的是激烈的水樣性下痢或是粘液便或黑便等危及生命的疾病，因此要立刻送醫診治。

不只是寄生蟲或細菌等所引起的腸炎，未接受預防接種的狗，可能會罹患犬瘟熱病或小去氧核糖核酸感染症等，必須趕緊送醫，同時別忘了連糞便一起帶去。

尿的異常

觀察尿色，母犬特別需要注意

POINT
①仔細觀察尿色。鋪報紙或寵物墊就能觀察。
②母犬的分泌物是子宮疾病的前兆。

人類也是如此，健康時的尿色為淡綠茶色，有時是透明的。

尿的顏色不同時就必須要注意。可能是膀胱炎、尿道炎、膀胱結石等泌尿器官的疾病。顏色太深或出現紅、茶色、咖啡色時，可能是腎臟、泌尿器官、肝臟等的疾病。

●檢查是開始排尿時，或排尿結束時顏色改變。

●有沒有發高燒？測量體溫。

●口腔粘膜、結膜顏色是否發紫或泛白。

此外，母犬如果沒有生產卻有分泌物時，可能是子宮蓄膿症等子宮疾病，要儘快送醫診察。

咳　嗽

POINT

①循環器官和呼吸器官疾病的症狀。
②仔細觀察咳嗽的樣子，做適當的處置。

咳嗽大致是由兩種病因所引起，一種是狗窩傳染病或犬溫熱病（幼犬），以及絲蟲症（成犬）等傳染病造成的。另外原因則是氣喘、心不全、鼻炎、支氣管炎等循環器官或呼吸器官疾病所造成的。

仔細檢查咳嗽出現的方式。

●**晚上到清晨咳嗽**。

●**咳得好像要抽筋似地**。

●**不時咳嗽**。

總之，先決條件是掌握原因，因此要接受獸醫的檢查，做適當的處置。確認鼻子是否突出、是否發燒，才能正確地掌握症狀。

舔身體

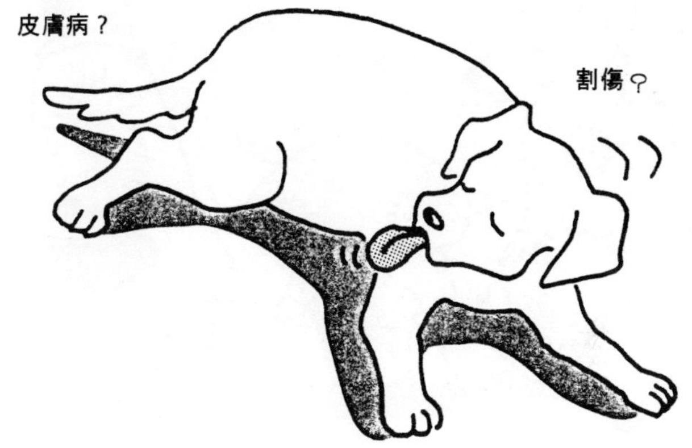

POINT

①是單純的割傷或皮膚病（包括外部寄生蟲在內），必須加以分辨。
②夏天的皮膚病不能使其惡化。
③儘早做適當的治療。

狗拚命舔身體或咬身體時，可能是感染濕疹或有跳蚤或蟎寄生，而使身體發癢。抓濕疹部位可能會因皮膚靡爛而掉毛。夏天則要注意避免皮膚病惡化。

●是否因單純的割傷或咬傷而舔身體。

●皮膚是否靡爛。

為狗刷毛時要仔細觀察。如果是割傷藉著舔身體有時能自然痊癒，也可以噴撒殺菌劑。

如果是濕疹或疥癬蟲寄生時，光是舔無法痊癒，要儘早做適當的治療。

掉毛

POINT

①檢查身體哪個部分掉毛。

②依掉毛方式而分為不同的皮膚病，配合症狀儘早治療。

狗掉毛是所有皮膚病的共通症狀。診斷的標準是身體部位掉毛的方式。在皮膚病的項目中有詳細的說明。首先要檢查到底是身體的哪個部分掉毛。

●**背部掉毛**：最常見的掉毛現象，是由於跳蚤過敏而造成的濕疹而掉毛。

●**左右對稱的掉毛**：身體的側面左右對稱地掉毛時，是荷爾蒙性皮膚病。

●**全身掉毛**：身體各處掉毛是由於真菌性（黴菌）等原因而傳染的皮膚病。

都需要適當的治療，所以要儘早去看獸醫。

眼屎

POINT

①檢查眼屎的顏色和量。
②是否充血。
③整個眼睛白濁時需要注意。

眼睛充血、有眼屎時，可能是結膜炎或結膜浮腫。尤其像西施犬或馬爾濟斯犬等，毛甚至會蓋到眼睛的狗大多會出現淚眼。處理時首先要修剪會影響眼睛的毛。

此外，要檢查眼屎的質和量。

●顏色發黃或泛白。

●眼屎量多到無法張開眼睛。

發黃的眼屎可能是疾病，必須注意。泛白則可能是灰塵刺激眼睛而造成的，不用擔心。

此外，眼睛白濁時可能是白內障或角膜炎。

抓耳朵

POINT

①摸摸耳朵，聞聞看有沒有臭味。

②靡爛嚴重時，要到醫院接受適切的治療。

狗有時會經常抓耳朵。到底是發癢還是疼痛？應該先檢查耳朵。

●觸摸時發熱：是發燒的證明，可能是因外耳炎或內耳炎等而引起發炎。

●有惡臭：感染細菌、酵母菌、黴菌等，引起耳朵靡爛而導致發癢。

尤其像瑪爾濟斯犬或貴賓犬，耳內會長毛，容易引起耳靡爛，處理時要檢查耳朵。此外，洗澡時不要讓水進入耳中；拔除耳毛也是造成耳朵靡爛的原因。

萬一出現耳朵靡爛時，在還未變得嚴重時要趕緊到醫院治療。

摩擦臀部

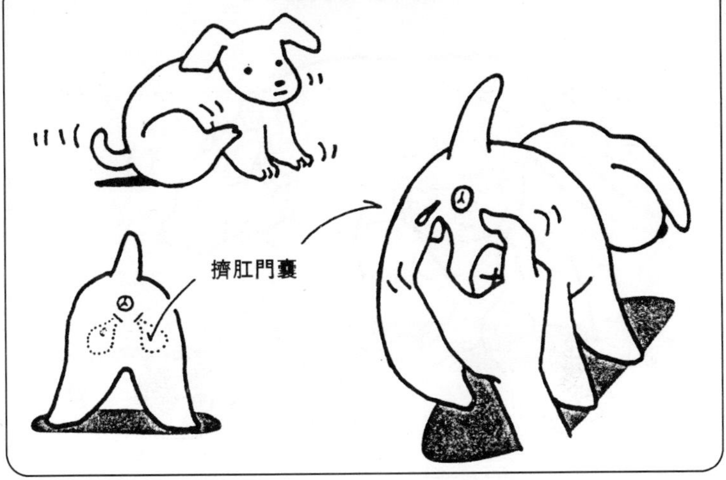

POINT

①檢查肛門周圍是否靡爛。
②肛門周圍隨時保持清潔、剪毛。

臀部發癢時會拼命在地板摩擦。可能是肛門周圍濕疹或是發炎所造成的。

也許這是各位沒有聽過的名稱，但是狗的肛門左右帶有與臭鼬鼠同樣的肛門囊。

這個囊經常積存分泌物，排便時會少量排泄。因某種原因而使出口發炎時，就會疼痛、發癢，因此會將臀部摩擦地面。

●**肛門囊的分泌物積存時，會引起化膿，因此要定期擠掉。**

●**仔細檢查糞便確認是否有蟲寄生。**

走路方式怪異

POINT

①檢查足部是否有刺或被割傷。
②確認趾間是否靡爛。
③跳下來時注意走路方式。

如果狗一跛一跛地走路時，首先要檢查足部。

●若有割傷，為避免化膿要趕緊到醫院就診。

●趾間靡爛或長濕疹時，要到醫院接受檢查、治療。

●從高處掉下來時要檢查整個足部。狗痛得大聲哀鳴時，可能是關節異常，要趕緊送醫診治。

此外，即使原因不明，但走路方式異常時，可能是神經或肌肉、頸椎、脊椎等異常，要到醫院仔細檢查。如果罹患疾病要接受適當的治療。

痙攣、抽筋

POINT

①要注意幼犬和老犬容易因為中暑而抽筋。
②夏天要注意狗的居住環境，在涼爽的時間散步。
③萬一有症狀出現時儘早送醫。

狗出現痙攣或昏倒現象的原因有很多。可能是因為飼主不注意而中暑引起抽筋或痙攣。所以，包括環境在內，狗的健康管理要充分注意。

●夏季日射強烈時，不要勉強帶狗去散步。也不要把狗關在車子裡，要注意狗的居住環境。

●讓狗接種犬溫熱病預防接種。

此外，低血糖症或真性癲癇等疾病也會出現這些症狀，不可放任不管，一定要接受獸醫診治。

口　臭

POINT

①感到惡臭時，立刻檢查口腔。

②不只牙齒，也可能是消化器官的疾病。應儘早接受獸醫的診斷。

雖說是惡臭，但感覺因人而異。狗產生口臭時，可能是牙結石積存或齒槽膿漏或齒肉炎、齒周炎等，也可能是胃腸障礙、腎的疾病等所引起，必須注意。

●吐出的氣息具有腐敗的臭味。

●張開嘴巴時出現異臭。

此外，出現脫水症狀時也會口臭，必須小心。

首先一定要找出原因。如果是牙齒的疾病而不加處理，牙齒可能會掉光，也可能是引起其他器官疾病的原因，所以，要早期診斷與治療。

呼吸紊亂

POINT

①運動中的心悸、喘氣激烈。
②安靜時也會呼吸紊亂。
③儘早接受獸醫診斷。

在運動中和運動後呼吸會紊亂急促，如果出現以下症狀時，很明顯就是疾病的症狀，不能放任不管。

●**心悸、喘氣、呼吸困難等症狀出現，狗無法走路。**

●**即使靜養休息時也呼吸紊亂、痛苦。**

這些情形可能心臟或肺的疾病，首先要找出原因。

心臟病分為先天性心臟病和瘀血性後天性心臟病。此外，氣管也可能出現異常症狀。尚未嚴重化之前要接受獸醫的診斷，進行適當的治療。

喝很多水

POINT
①不要給與鹽分太多的食物。
②注意肥胖。如果罹患糖尿病或腎臟疾病時，要到醫院檢查。

新鮮的飲用水對狗而言是不可或缺的，但狗一直喝水時必須注意。

檢查以下事項。

●**飼主是否輕易給與剩飯菜，使狗攝取過多鹽分。**

●**是否發燒。**

●**是否過於肥胖。**

尤其像味噌湯等剩菜的鹽分較多，給狗吃會成為疾病的根源。

如果給與正常的飲食而狗大量喝水時，則可能是糖尿病或子宮蓄膿症等其他疾病。在還可以治療時要儘早接受醫師診治。

到醫院之前的檢查

●不慌不忙冷靜處理，首先測量體溫

●將嘔吐物帶去

●確認脈搏和呼吸的次數

●尿異常時要利用顏色等來確認

尿（沾脫脂綿）放入塑膠袋中，再放入加有冰塊的塑膠袋裡（因為尿會腐敗），帶去給醫生診治。

●下痢時如果能夠確認內容則將內容物帶去。

立刻能進行的緊急處置

●擁有值得信賴的家庭醫師

●準備犬用急救箱

●冷靜處理、掌握症狀

急救對策三項原則

疾病大多為突發性。狗在白天時充滿元氣，到傍晚時突然發燒的情形經常出現。夜間發病時，可以診治的醫院有限，所以很難處理。

為了預防萬一：

①擁有值得信賴的家庭醫生，可以打電話和他商量或進行夜間診療，或是到府就診的醫師較能令人安心。

②為了進行緊急處置，要常備犬用體溫計、眼藥、脫脂綿等物品的犬用急救箱。

③擁有疾病的知識。

這三項是重點。不論任何情況下都要冷靜處理，妥善掌握症狀。

具備充分知識就不必半夜叫醒醫師，只要根據自己的判斷就可以了。

萬一時的緊急處置

●**發燒時**

讓狗靜躺，用濕毛巾冷敷頸部

●**出現眼屎時**

用脫脂綿沾溫水擦拭眼睛周圍以保清潔。

●**皮膚靡爛時**

剪掉患部周圍的長毛，露出傷口，用沒有刺激性的消毒藥擦拭。

●**耳朵靡爛**

脫脂綿沾橄欖油擦拭患部

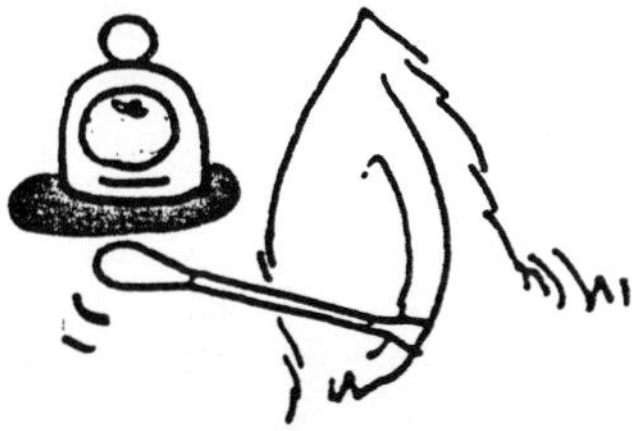

●**臀部發癢**

擠肛門囊

●**流鼻水**

用沾濕的脫脂綿等擦拭鼻子周圍

●**腳受傷**

拔除刺，用殺菌劑消毒。有傷口要進行消毒。為避免細菌進入，周圍多餘的毛要剪掉。傷口要好好包紮並要避免狗吞食繃帶。

Q 雖然不是換毛期，卻掉毛

雖然不是換毛期，卻掉毛，毛排列不良且非常乾燥，是不是有不對勁的地方呢？

A 你對換毛期的認識似乎是錯誤的。宣稱是掉毛而慌慌張張到醫院來的人，有時不曉得狗掉毛是理所當然的事情。狗隨時都會掉一些毛，要檢查掉毛狀態，不要從頭來看，要從臀部的方向觀察整個身體。這時如果感覺皮膚透明則是異常的現象，可能是皮膚病。

被毛沒有光澤也許是飼主照顧不周，要仔細為狗洗澡，每天都要刷毛。

Q 出現黃色的鼻水

七歲的貴賓犬有食慾也有元氣，但經常會出現黃色的鼻水，是否鼻子不好呢？

A 可能是慢性疾病。像膿樣的鼻水出現時，首先應該要懷疑是牙齒或牙齦的疾病。

犬齒產生齒根炎而化的膿吸收到鼻腔時，經常會出現這種情形。

此外，也可能是慢性感染症。不可掉以輕心，要接受獸醫的診治。放任不管，牙齒可能會掉光。掌握原因，即時接受適當的治療。

Q　一直搖頭

狗一直搖頭，以為是壞習慣而放任不管，是不是某種疾病呢？

A　由這個症狀來看應該是異常。可能是外耳炎或耳蟎，由於有癢痛刺激，因此會搖頭或脖子，嚴重時可能會成為中耳炎或耳血瘤（耳翼的內出血），使得發炎症狀更為惡化。

此外，耳道中如果進入植物種籽等異物時，會引起發炎，會出現這些症狀。另外，也可能是掌管耳中平衡感覺的前庭發生了疾病，一定要接受獸醫診治。

Q　正常飲食卻仍消瘦

吃得很多，但是不管吃不吃都瘦，令人相當困擾，是否罹患某種疾病呢？

A　是否投與絲蟲症的預防藥物呢？狗罹患絲蟲症時，怎麼吃都吃不胖，而且容易疲倦。如果伴隨下痢症狀，則可能是寄生蟲（鞭蟲）的感染或胰臟的疾病。

另外，糖尿病、慢性腎不全和甲狀腺機能亢進等疾病，也可能會造成這種情形。要確認原因，到醫院接受血液檢查，清楚病因後，要遵從獸醫的指示，接受適當的治療。

重點專欄

健康管理與費用

為使愛犬充滿元氣、舒適地過活，首先要保持健康。疾病預防是不可或缺的。因此，不要吝惜費用。

預防接種要花錢，但若狗因疾病而痛苦就痲煩了。看病可能要花費更多金錢，考慮狗的健康，能夠預防的疾病一定要加以預防，以免一次需要耗費大量的金錢。因此，可以存一些「愛犬基金」，以備不時之需。

●健康管理費用的標準

費用項目	費用標準	備　考
診療費（1次）		
・通常	2～ 6000日圓	
・高度先進醫療	7～20000日圓	使用超音波或
・預防注射（年間費用）	1～20000日圓	CT電腦斷層掃描
・去勢、避孕手術	2～50000日圓	

（根據三和銀行調查）

第六章

疾病的預防與家庭看護

疾病的預防與照顧

●跳蚤和蚊子是萬病之源，要徹底驅除

●了解疾病的原因、症狀和處理方法

可以用管理防止的疾病

為使狗保持正常的元氣，規律正常的飲食、睡眠和適度的運動及照顧是重點所在。

即使實行這些項目，也可能因為各項要因而引起疾病，而使飼主感到奇怪「這麼有元氣，怎麼會這樣呢？」這種情形並不少。

以下介紹飼主能充分管理預防的疾病及處理方法。

例如，絲蟲症是以蚊為媒介的傳染疾病，因此要將病媒蚊徹底驅除，就能預防，防止愛犬罹患「死亡病」。

了解狗罹患疾病的原因，妥善加以處理預防。與愛犬共度舒適生活是從健康開始。

■應具備的家庭看護緊急處理用具和藥物

●様子異常時
(1)體溫計　先量熱度

●緊急處置時
(1)綿花棒
處理耳朵

(2)脫脂綿
處理眼睛

(3)紗布
去除牙結石時使用

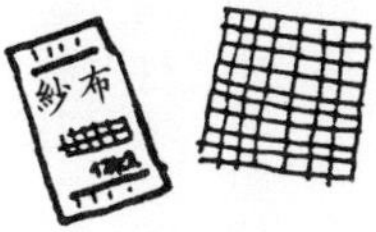

(4)剪刀
剪除傷口周圍的毛時使用

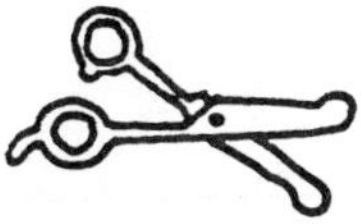

(5)綳帶
保護傷口時使用

(6)用拔毛夾或小鑷子
拔除刺

(7)冰袋
發燒時使用

●服用藥物時
(1)糯米紙

(2)滴管

急救用藥物

消毒藥、紗布

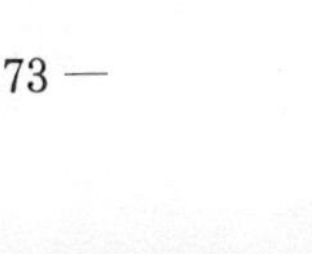

眼藥和硼酸

止下痢藥

止癢藥

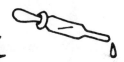

皮膚病的預防

狗的皮膚由厚的被毛保護著，因此皮膚較弱。跳蚤或蟎等寄生蟲的寄生，或是成為過敏性皮膚炎原因的植物或藥物、真菌（黴菌之一）等都必須注意。

皮膚病大半是由跳蚤所造成，為了預防，必須注意以下幾點：

●每天都要刷毛。一個月洗澡一至二次。利用調理毛促進皮膚新陳代謝，並檢查跳蚤。
●給與營養均衡的飲食，不使其偏食。
●利用運動紓解壓力，舒適地生活。
●保持睡床等居住環境的清潔及乾燥。
●不要接近漂白劑等藥物。

尤其長毛種狗和耳朵較長的狗的皮膚很難看到，所以處理時要仔細檢查。

■皮膚病的預防重點

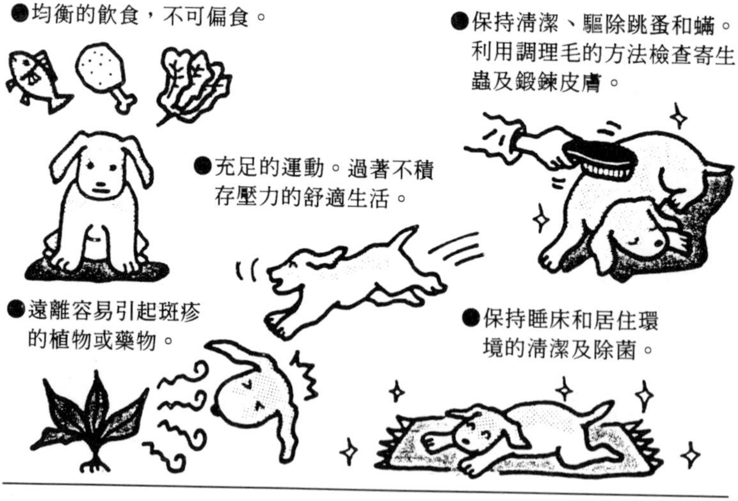
●保持清潔、驅除跳蚤和蟎。利用調理毛的方法檢查寄生蟲及鍛鍊皮膚。
●均衡的飲食，不可偏食。
●充足的運動。過著不積存壓力的舒適生活。
●保持睡床和居住環境的清潔及除菌。
●遠離容易引起斑疹的植物或藥物。

處理

皮膚病大多會掉毛或結痂，有的則是出現水泡或傷口破裂，症狀有很多，程度因種類而異。首先一定要保持清潔。

●被毛骯髒時，利用藥用沐浴劑、藥用肥皂清洗。要使用不具刺激性的製品。

●發癢部分的毛要剪掉。使用皮膚用調理水擦拭。

皮膚病的種類繁多。可能單純因罹患濕疹而細菌由傷口進入，造成二次感染。嚴重時要完全治好需要較長的時間。因此，當症狀無法改善時，一定要接受獸醫的診察，找出原因，接受適當的治療。因症狀不同療法互異。但大多是利用副腎皮質荷爾蒙的內服藥或軟膏、或組織胺劑等進行治療。

■皮膚病的處理

●骯髒的被毛利用藥用沐浴劑清洗。使用沒有刺激性的製品
●發癢、有傷口部分的被毛要剪掉，用消毒藥擦拭，觀察狀況
●接受獸醫的診治

寄生蟲的預防

寄生蟲感染大多是由寄生蟲卵或感染子蟲經口或經皮攝取到體內而感染的。因寄生蟲的不同，有的不是由口而是像蟲一樣，以跳蚤為中間宿主，經由媒介而傳染；或者像絲蟲則是以蚊、蟎為媒介而傳染。此外，淡水魚、蝦、青蛙等也可能成為媒介。以下述方法預防：

●出生後第三週要檢查糞便，確認有無寄生蟲。之後在第十二個月時及其後每年都要檢查一次糞便。

●排便後要儘快處理，保持廁所和食器的清潔。

●不要靠近成為媒介的蚊。

●條蟲以跳蚤為媒介，要定期為狗洗澡以免跳蚤附著、保持清潔，也可以利用除蚤頸圈或除蚤粉徹底驅除跳蚤。

■趕走寄生蟲的重點

●出生後第三週要檢查糞便。確認有無母子感染。以後每年要檢查糞便一次。

●糞便要立刻處理。保持廁所和食器的清潔。

●使用除蚤沐浴劑。趕走成為媒介的跳蚤、蟎。每天不忘為狗刷毛。

※症狀和寄生蟲的種類不同，藥的處方也不同，在決定好的期間一定要服用。檢查糞便，確認有無寄生蟲。預防和處理的關鍵在於檢查糞便。幼犬時一定要檢查糞便。

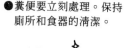

處理

出生後第三週到醫院檢查糞便，若發現寄生蟲時必須要驅蟲。

蛔蟲寄生時，幼犬、成犬都必須要驅蟲。服用驅蟲藥二到三天驅蟲。鈎蟲和鞭蟲則可藉一次注射完全驅蟲。

處置後第三週要再次檢查糞便，確認寄生蟲的有無。總之，掌握時機最重要，要接受獸醫的指示。

有好的藥就能簡單地驅蟲，問題在症狀出現也放任不管。有下痢或血便、貧血等症狀出現時，要儘早送到醫院接受適當的治療。

太遲的話就要接受營養補給，同時也會延緩處理的時間。

●預防絲蟲症，在蚊子發生的時期每個月要服用一次預防劑。

●萬一發現寄生蟲時，要趕緊服用驅蟲劑徹底驅除。

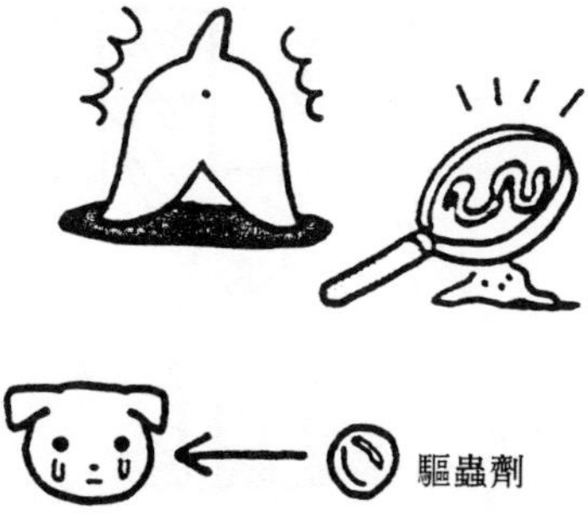

跳蚤、蟎的預防

預防跳蚤和蟎，首先：

●狗的生活環境無論室內外都要保持清潔。

●寵物墊等狗屋用品要經常用吸塵器清理。犬用的被子要定期洗濯曬乾。

幼蟲是吃灰塵（動物皮屑）而成長。跳蚤的成長和幼蟲發育的室溫是十八至二十七度，濕度為七十％以上，所以一年到頭都會受到跳蚤的攻擊。跳蚤的成蟲約〇・五釐米，一生中可產數百個白色的卵，卵在二～十二天內成為幼蟲。所以一隻跳蚤立刻就成為幾百隻跳蚤。即使使用殺蟲劑，跳蚤的抵抗力也會增加為其特徵。此外，真蟎不僅會吸血，同時也會傳染梨漿蟲這種好像瘧疾的疾病，所以要注意。

■趕走跳蚤、蟎的重點

●保持室內外清潔

●用吸塵器吸除幼蟲、卵

處理

想要驅除跳蚤及蟎可以使用除蚤粉、除蚤頸圈及除蚤沐浴劑等「三種神器」。但是這些殺蟲劑若使用過度，對健康也有影響。

強力除蚤項圈的說明書上寫「不能與除蚤沐浴劑並用」。

●除蚤方法要和獸醫商量後再決定。使用上的注意事項要仔細接受說明。

●除蚤沐浴劑須稀釋後使用。

●起泡後隔五分鐘再沖洗。

利用沐浴劑去除蚤的秘訣，是要將液體塗沫全身的毛的深處，由上往下清洗，四肢要多花點時間沖洗，一定要沖洗乾淨。

●除蚤項圈要和醫師商量後選擇安全的項圈使用

●除蚤沐浴劑稀釋後再使用

中毒的預防

中毒的原因包括食物、藥物和因暖氣而造成的缺氧等，要注意以下事項：

●給與新鮮的食物。尤其夏季食物容易腐敗時，要注意食物中毒的問題。

●殺蟲劑、漂白劑不要擱置在狗生活的場所。

也要注意除草劑等農藥，散步時不要讓狗進入菜園。

●冬天的暖氣必須注意換氣，以免缺氧。

●人類服用的藥物不可以讓狗服用。

狗食不論任何型態，都要選購帶有日期的新鮮產品。日常生活中多加注意就能預防。千萬要避免好像自己的小孩單獨在家中所出現的意外等發生。

■中毒的預防

●給與新鮮的食物，注意腐敗的問題

●毒物不要擱置在狗的生活場所

●散步時不要進入菜園中，以免農藥的危險

●冬天時要注意缺氧、二氧化碳中毒

處理

一旦舔了有害藥劑，狗會出現痙攣、發抖、流口水等症狀。發現這些症狀時：

●讓狗嘔吐。

●餵食濃食鹽水做緊急處置。

●檢查有害物質是否附著在身體上。

●接受獸醫診斷時，要將部分嘔吐物或是疑似物帶給醫生做參考，進行適當的處置。

發生食物中毒時，如會伴隨嘔吐和下痢的現象，要趕緊送醫。

缺氧或二氧化碳中毒時，可能會陷入昏迷或搖晃狀態，要立刻換氣，讓狗靜養。總之，平常一定要觀察牠的樣子。藉由迅速發現及適當的判斷做緊急處置，接受醫師的治療。

■處理的重點

●首先要確認是否吞下毒物。確認附著於體表的毒物，清洗身體

●立刻帶往醫院接受診斷

●調查中毒原因

●一般的毒物要讓犬吐出來。揮發性毒物不要讓牠吐出來，要趕緊送醫

體溫和脈搏的測量方法

狗的狀況和平常不同時，首先要為其測量體溫和脈搏。

●體溫的測量法

轉動用水沾濕的體溫計，靜靜地插入狗的肛門。抓住體溫計和狗的尾巴。牠的身體不舒服時，可能不肯乖乖地讓你量體溫，這時要溫柔地對牠說「等等」，鼓勵牠。

●脈搏的測量法

輕輕用手抵住後足根部的股動脈測量一分鐘。一般而言，小型犬與大型犬相比，體溫較高、脈搏次數較多；幼犬比成犬體溫高，脈搏數較多。

下表是健康犬的體溫、脈搏數和呼吸數，有意外情形時，可做為參考。

■體溫、呼吸數、脈搏跳動次數的標準

狗的種類	體溫	呼吸數	脈搏跳動次數
幼犬	38.2度～38.8度	10～30次（1分鐘內）	100～200次（1分鐘內）
小型犬（成犬）	38度～38.5度	10～30次（1分鐘內）	70～120次（1分鐘內）
中型犬（成犬）	37.5度～38.5度	10～30次（1分鐘內）	70～120次（1分鐘內）
大型犬（成犬）	37度～38.5度	10～30次（1分鐘內）	70～120次（1分鐘內）

■體溫、脈搏跳動次數、呼吸數的測量方法

●測量體溫

將沾濕的體溫計靜靜地一邊轉動，一邊插入狗肛門內3公分左右，一定要在排便後才能檢查溫度，測量時間為3分鐘。

●測量脈搏

用手輕輕抵住後足根部的股動脈，測量脈搏跳動次數1分鐘。

●測量呼吸次數

手掌抵住心臟部位，測量一分鐘內的呼吸次數。

※體溫、脈搏、呼吸次數的測量方法一定要先接受醫院的指導再進行。如果發燒且脈搏、呼吸次數都非常快時，表示疾病非常嚴重。千萬不要再觀察狀況，要趕緊送醫。

■幼犬的抱法

(1)將臀部和後面的雙腿放在一隻手的手掌上

(2)另一隻手好像插入前足似地將狗抬起

(3)將幼犬的身體直抱在胸前。

幼犬的疾病與預防

●抱幼犬時，要將臀部和後面的雙腿放在單手手掌上，另一隻手則像插入前足似地，將幼犬身體直立抱在胸前。

●消化器官未成熟的幼犬，一次用餐量要減少，增加次數，防止下痢。此外，利用狗用奶粉強化鈣質。

傳染病方面包括犬瘟熱、肝炎、支氣管炎、細菌感染症（大腸菌、葡萄球菌、鏈球菌）、代謝病、低血糖症、營養性上皮小體機能亢進症（骨骼脆弱）、腸內寄生蟲症、外部寄生蟲症等。

小的幼犬容易下痢，粗魯地對待容易骨折，平常就要注意以下事項。

■餵藥的方法——餵藥時要遵守獸醫的指示。尤其給與抗生物質時，若不遵守投藥時間，效果較差。

●錠劑、膠囊

要放入食物內讓狗吃，或用手指夾住，將錠劑放入舌頭深處，再閉起下顎。

●藥水

張開狗的嘴巴，用滴管從側面滴入。

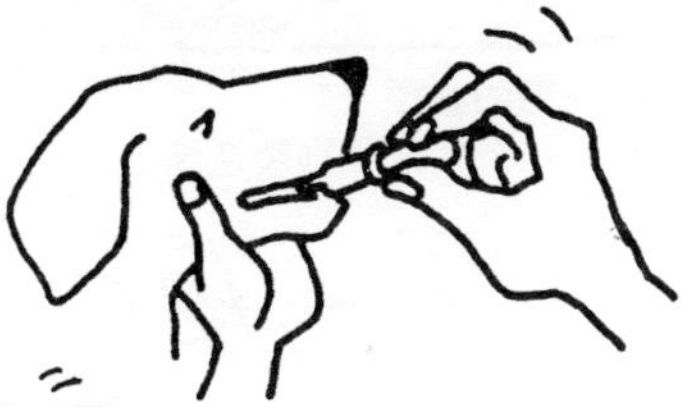

●藥粉

用少量濕型狗食混合餵食。

處理

幼犬來到家中，在出生後兩個月時，要進行傳染病預防注射。此外，母犬有蛔蟲寄生時，卵和幼蟲可能會從母乳經由口感染。必須檢查糞便，確認有無寄生蟲。

如果幼犬下痢，一次給與的食物量要減少，增加用餐的次數，注意不要吃得太多。

幼犬活動遲鈍或跛行時，可能是骨骼疾病，要接受獸醫診治，早期發現就能治好。此外，糞便變軟或引起下痢症狀時：

●可能是食物量過多，要減少。

●仔細觀察糞便狀態。

●觀察糞便狀態，決定適量。

這些都是重點。

■處理的方法

處理時放在椅子或桌子等高處

●腳的處理　將腳往上抬往後拉

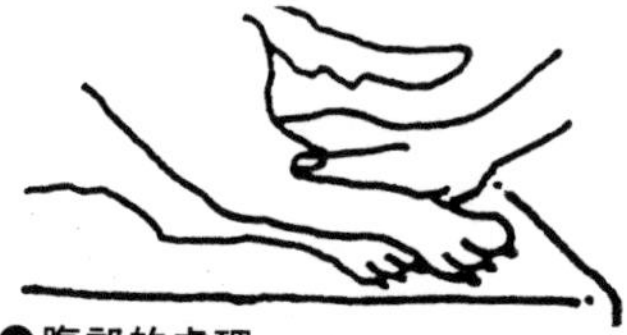

●臉、頭、耳的處理

輕輕地抱住脖子或下顎塗抹藥物。

●腹部的處理

前足往上抬或讓狗躺在地上。

●臀部的處理

讓狗站著，抬起尾巴

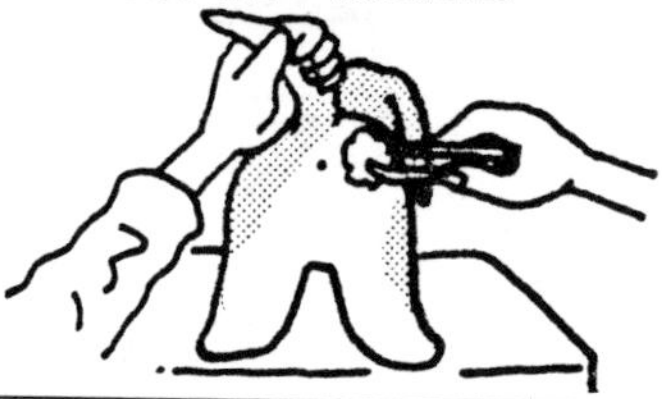

老犬的疾病與預防

狗過了十歲以後進入老年期，身體各處都會出現異常。排泄無法如前，視力、聽力減弱，牙齒也會變得脆弱。

生殖器官的機能減退，調節體溫也變得不順暢，會出現各種老化現象。公犬容易罹患前列腺肥大症。

母犬在六至七歲時會出現母犬特有的疾病，如子宮蓄膿症或乳腺腫瘤等。

狗到達壯年時進入癌症年齡，在腦或卵巢、肝臟、前列腺、乳腺等處容易形成腫瘤。因此，每年至少要做一次健康檢查，檢查有無疾病。

點眼藥的方法

●**軟膏**
用左手張開眼瞼，多擠一些軟膏，直接塗在內側，可請他人按住下顎。

●**藥水**
請他人輕輕地按住頭部，在眼角滴幾滴眼藥水。

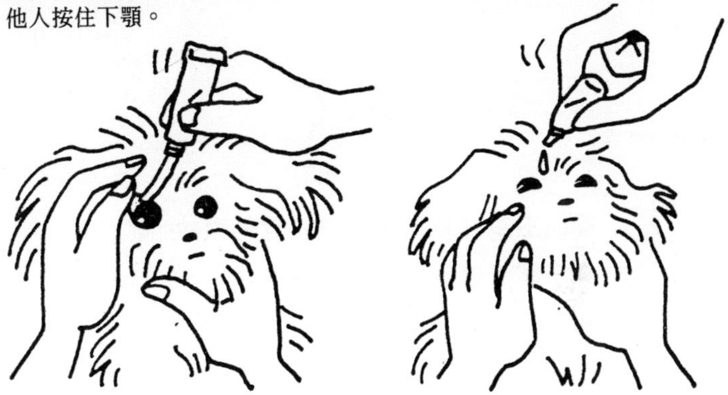

處理和健康管理

隨著年齡增長，狗有時會不喜歡運動，這時，可將散步的次數減為一次。

●**夏天、冬天寒暖激烈的季節，要注意居住環境。**

●**過了七歲以後，一年要做一次定期健康檢查。**

●**給與容易消化的食物。**

這些都是需要注意的事項。

年輕時做過去勢、避孕手術的狗，就能預防前列腺疾病或子宮、卵巢疾病。處理時，要檢查身體各部位，發現異常時要趕緊請獸醫診治。

最近，老犬用的狗食和腎臟病、肝病的處方食也出現了，可和獸醫商量使用。

受傷的預防與處理

- ●飼主多注意狗，可防止意外事故
- ●了解受傷時的緊急處理方法
- ●具備家庭看護的知識

藉著注意力防止意外事故

生活中會遇到很多危險的場面，要加以防止、注意，以避免意外事故，保護愛犬是飼主的情愛與責任。

●交通意外事故

放任狗到處亂跑的飼養法已減少，因此，狗的交通意外事故減少了。但是，室內犬仍需好好地訓練，不可讓牠任意飛撲到路上。

●受傷

狗容易受傷是在散步中或在室內玩的時候。室內不要放置危險物品（釘子、圖釘、利刃等）。散步中也要注意掉落的玻璃碎片。

●骨折

不要讓狗隨意爬上高處，此外，特別注意幼犬的抱法。（參考一八四頁）

■受傷及意外事故的預防方法

●交通意外事故
(1)訓練狗不要任意飛撲到道路上。
(2)在廣場要使用較長的拉繩讓狗自由地玩。

●骨折
(1)不要讓狗爬上高處。
(2)注意抱幼犬的方法

●受傷
(1)室內不要放置危險的圖釘、利刃等。
(2)散步中要注意玻璃碎片及樹枝。

●爭吵
散步中和他犬爭吵時，要趕緊拉拉繩，嚴厲責罵牠。

■血壓降低的分辨法——因為狗沒有露出的皮膚，因此要按壓唇的內側或牙齦檢查血壓。

(1)用力按壓唇的內側或牙齦30秒。

(2)觀察這個部分是否立刻恢復為紅色。如果很難恢復證明血壓降低。

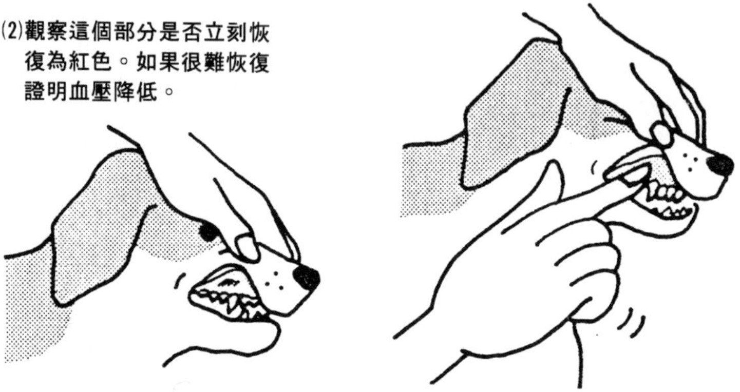

受傷的處理

萬一受傷或發生意外事故時，要準備急救箱急救。做好急救處置後觀察狀況，有時要送醫救治。交通意外事故或掉落事故、吞下異物時要仔細檢查全身。

●觀察體表有無出血或瘀斑、異臭或輪胎的痕跡等。

●其次觀察血壓是否降低。用手指用力按齒肉，突然放鬆手指，如果齒肉較慢恢復紅色，表示血壓降低。

●確認腹部是否有緊張感。

●是否排出尿、是否摻雜血液。

愈大型的狗，受意外事故的衝擊愈大。有外傷時，受傷部位的被毛要用剪刀剪斷，傷口用水洗淨消毒，疑似骨折時，要用副木固定，趕緊送醫救治。

■在家庭中可以進行的受傷處理

●受傷時

⑴傷口部分用水洗淨

⑵傷口部分的毛要剪掉，塗抹消毒藥。

⑶刺傷時，要拔出刺並消毒。

●骨折時

⑴利用免洗筷等小木板當成副木固定於患部，包紮繃帶。

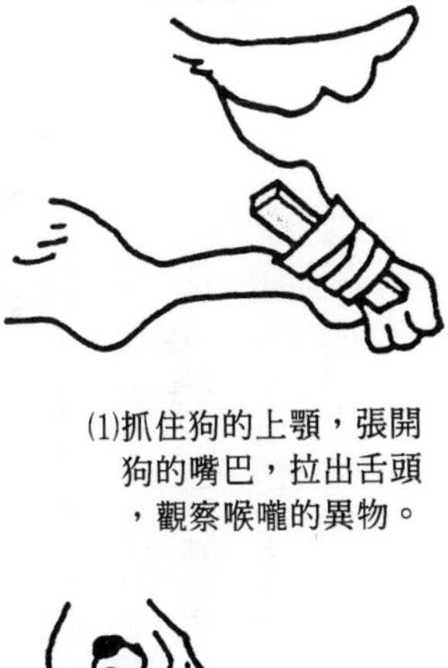

⑵趕緊送醫

●吞入異物時

⑴抓住狗的上顎，張開狗的嘴巴，拉出舌頭，觀察喉嚨的異物。

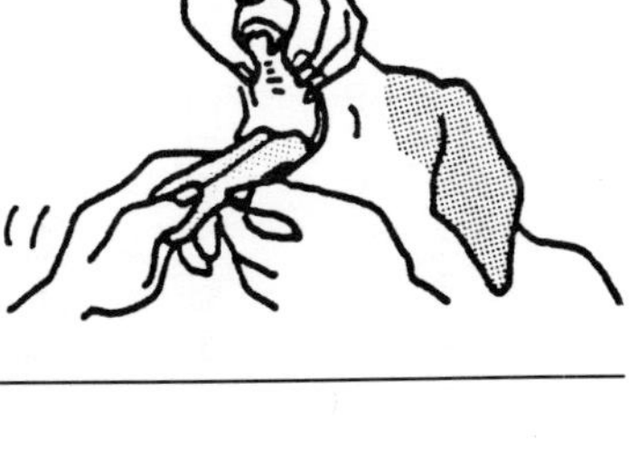

⑵異物阻塞喉嚨時要趕緊取出，如果已經吞下時要儘快送醫。

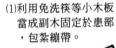

Q 燙傷的正確處置方法為何？

狗跳到桌上弄翻了咖啡而燙傷。用水清洗後塗抹軟膏。請告知正確的處置方法。

A 這就是你不小心了。首先要訓練愛犬不可跳上桌子。由於暖氣設備進步，現在因為燙傷的例子減少了，但為了預防萬一，一定要知道處理的方法。

燙傷後，要將該部位的毛剪除，用冷水冷敷，塗抹消毒藥保持患部清潔。如果非常嚴重，要送醫處理。

Q 有沒有無害的除蚤法？

據說除蚤粉和除蚤項圈藥劑有害狗的健康，因此不願意使用。請告知對狗對人都無害的除蚤法。

A 首先要用沐浴劑充分清洗身體。如果因為擔心而不願使用除蚤沐浴劑，可用普通的犬用沐浴劑。重點在於要沖洗乾淨。起泡的沐浴劑最好擱置五分鐘後再清洗，這時跳蚤一定會窒息而死。

從頭部開始清洗，將跳蚤趕到腳的部分，是沖洗的秘訣。

此外，現在已經開發了狗用除蚤梳。可以考慮使用。這類梳子通過狗的被毛時會產生靜電，而根絕跳蚤。

Q 狗需要調味料嗎？

狗和人一樣需要調味料嗎？

A 狗不需要調味料。因為牠不像人類一樣有汗腺，攝取的鹽分不會成為汗而損失掉。積存於體內的鹽分會對心臟造成負擔，致使狗容易疲倦、呼吸紊亂等症狀出現。

　如果長期持續這種飲食，進入老犬期後，就可能會罹患心臟病或腎臟病了。

Q 動過去勢手術會發胖嗎？

一歲大的狗動過去勢手術後變得肥胖。這是去勢手術的副作用嗎？

A 去勢後會發胖是錯誤的說法。當然，因食物內容或狗的體質不同而造成這種情形。首先要確認給與食物的次數和食物量。體重超出多少我不得而知，但是一個月測量一次體重加以檢查較好。防止肥胖的方法為：給與規律正常的飲食、避免吃零食，並且要帶狗散步，維持適度的運動。

●重點專欄●

狗也需要花錢

迎接愛犬成為家庭一員共同生活也意謂要花很多錢。到底要花多少錢呢？根據三和銀行的「寵物的家計調查」調查結果如下，供各位參考。附帶一提，在寵物店購幼犬的平均價格是51290日幣。

●狗花費的費用（年間平均額）

飼養時的費用	19759日圓（犬舍、頸圈等）
飲食費（年間換算）	66204日圓
醫療費	22436日圓（預防接種等）
裝扮費用	20264日圓（洗澡、調理毛、衣裳費）
寄宿旅館費用	12857日圓
埋葬費用	46315日圓
臨時費用	98500日圓（醫療相關費、競賽參加費等）
	總計286335日圓

（1992年三和銀行調查）

第七章

愛犬疾病辭典

容易罹患的疾病知識

原因、症狀、處理方法

疾病知識

狗容易罹患的疾病

一點建議

●**疾病必須要徹底預防才行，但是，關於狗容易罹患的疾病的原因和症狀及處理的方法要事先了解，以防萬一。對於健康管理而言非常重要。**

能預防的傳染病

DOG CRINIC

＜犬溫熱病＞

●原　因

因病毒而感染的傳染病。這個疾病是經由罹病犬的尿液、糞便、鼻汁而排出的病毒污染周圍，而造成經口感染，潛伏期約一週。

●症　狀

病毒侵襲呼吸器官而出現發高燒、眼屎、鼻涕、咳嗽等症狀。愈來愈嚴重時會引起呼吸困難而導致死亡。消化器官的徵兆是出現粘液便、血便，時間拖很長，導致狗衰弱而死亡。

合併症出現時，本身會有發疹現象、口吐白沫、喪失意識。甚至會出現痙攣，尤以幼犬較易罹患。

●處理方法

幼犬出生後兩個月要接種疫苗，隨後每年都要追加預防疫苗。如果幾年未接種預防疫苗，就會失去免疫力，仍會感染，因此一定要定期接種。

No.1

＜傳染性肝炎＞

●原　因

包括線病毒Ⅰ型與Ⅱ型，接觸了感染狗的唾液、尿液或糞便等，經由口、鼻傳染。

●症　狀

Ⅰ型會導致幼犬猝死或肝臟疼痛、嘔吐、下痢、扁桃腺腫脹、角膜白濁等，同時也會引起狗傳染性肝炎。Ⅱ型則會引起支氣管炎、肝炎、扁桃腺等呼吸器官的疾病，缺乏食慾，發燒39～41度，嘔吐、下痢、腹痛等症狀會出現。重症時肝臟和扁桃腺會腫脹，導致死亡。此外，病毒會進入腎臟，大約6～9個月，尿中會排泄病毒，因此必須注意。

●處理方法

出生後第二個月要接種與犬瘟熱混合的疫苗。每年追加接種一次。散步途中不要讓狗聞或舔其他狗的尿，這一點非常重要。

＜小去氧核糖核酸病毒感染症＞

●原　因

由病毒中體積最小的小去氧核糖核酸所感染。感染力、抵抗力極強，混入塵埃中可生存六個月以上。病毒會隨感染犬的糞便或嘔吐物排出，或是隨著衣服傳染，也會以跳蚤為媒介而傳染。

●症　狀

經過幾天的潛伏期後，出現嚴重嘔吐和下痢症狀，然後會引起敗血症，脫水症而導致死亡。失去得自於母犬的免疫力的幼犬可能會突然死亡，成犬也有50%的死亡率，是死亡率極高的疾病。

●處理方法

在來自母犬的免疫力還能發揮作用的三週到四個月內，和獸醫商量接種疫苗。因為是強力病毒，所以普通的消毒無效。萬一罹患時一定要稀釋漂白劑消毒室內。

能夠預防的傳染病

＜鉤端螺旋體症＞

●原　因

是由螺旋體病原菌所造成的。一般是由老鼠的尿感染的，但是帶菌犬的尿也會感染，是會侵襲胃腸和肝臟的傳染病。

●症　狀

包括黃膽出血型及犬鉤端螺旋體型兩種。黃膽出血型會出現黃膽、嘔吐、下痢、皮下出血等症狀。犬鉤端螺旋體型則是初期出現劇烈的嘔吐、下痢症狀，一直持續。末期則會出現脫水症狀、尿毒症而導致死亡。

●處理方法

定期接種預防疫苗。這種病毒在濕地和水中能夠長久生存，應特別注意溝渠的清潔。

＜狂犬病＞

●原　因

病犬的唾液中所含的病毒一旦經由咬傷其他狗時，病毒經由傷口侵入而感染。狂犬病預防法已經法制化，每隻狗都必須接種。狂犬病在亞洲、非洲、歐洲等地都有病例，因此不可掉以輕心，到海外旅行時也必須注意。

●症　狀

一旦被帶有這種疾病的狗咬傷，不僅是狗，人類和其他動物也會被感染。經過潛伏期後會發病死亡，是非常可怕的疾病。

●預防方法

一定要讓愛犬接受預防接種，這是飼主的責任。

No.2

＜絲蟲症＞

●原　因

經由蚊為媒介而感染，犬絲蟲進入狗的心臟和肺部的血管內寄生而引起的疾病。如果蚊子吸了病犬的血再吸其他狗的血，就會經由蚊子而感染。

●症　狀

由皮膚侵入的犬絲蟲大約在60～90天內，會在皮下和筋膜間發育，隨著血液循環而棲息在心臟的右心室及肺動脈，慢慢地進行。因此，心臟血管受到侵害，血液循環不順暢、肺和肝臟、腎臟功能會紊亂。絲蟲繁殖時，初期沒有症狀，等到症狀出現時，病情已相當嚴重了。這時會出現咳嗽、容易疲倦、營養狀態不良、毛缺乏光澤等現象。絲蟲的壽命隨著狗壽命的終結而結束。突然咯血、腹水積存而死亡。

●處理方法

檢查血液中有無幼蟲。預防法則是在蚊子發生時期一個月服用一次預防劑，持續服用幾個月。怠忽預防則必須動手術取出蟲。屬於會危及生命的可怕疾病。

＜狗窩傳染病＞

●原　因

包括線病毒I型、博代桿菌、支原菌等，各種病原體會造成混合感染，而引起支氣管炎、肺炎等呼吸器官的疾病。經由空氣傳染的超強感染力，是和人類的流行性感冒同樣的疾病。在團體生活的寵物店中容易感染。

●症　狀

伴隨劇烈的咳嗽，重症時會引起支氣管炎及肺炎，必須注意。

●處理方法

一定要接種疫苗。重點是一定要和病犬隔離。

皮膚疾病

＜跳蚤過敏性皮膚炎＞

●原　因

被跳蚤咬而發病，是最常見的皮膚病。重點在於發現跳蚤，如果發現黑色果粒狀的糞位於被毛根部，則證明有跳蚤寄生。

●症　狀

從尾根部到全身都出現紅色發疹現象，全身發癢，狗經由抓、咬而形成傷口，造成二次性的細菌感染。

●處理方法

徹底驅除跳蚤。保持狗的身體及受到污染的居住環境的清潔，防止二次性細菌感染。治療法為投與抗生物質及注射抗過敏藥。

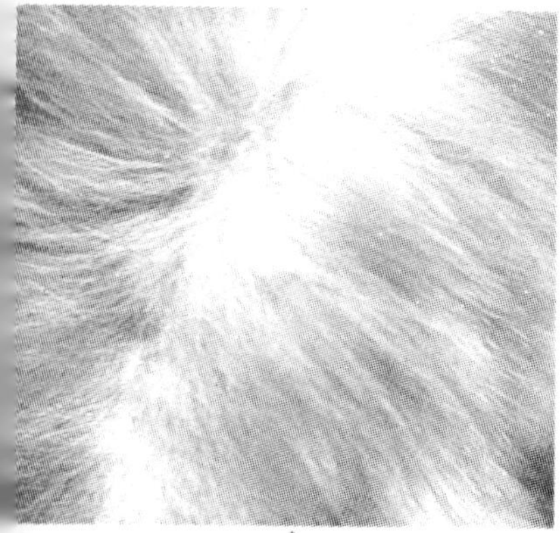

◀最常出現的跳蚤過敏性掉毛症狀

＜細菌性皮膚炎（急性濕疹）＞

●原　因

背部突然出現掉毛、形成帶有膿性分泌物的濕疹。關鍵是潛在性的過敏。

●症　狀

劇痛同時發癢，出現含有跳蚤的分泌物，傷口破爛。

●處理方法

不要放任不管，要送醫診治。投與抗發炎症狀、抗過敏的抗生物質進行治療。

＜真菌感染症＞

●原　因

真菌（黴菌的一種）感染而發作。

●症狀

和人類的頑癬一樣，出現在全身各處的紅色掉毛現象，好像錢幣印在皮膚上似的，範圍不斷擴散，會感染人類。

●處理方法

早期發現。在尚未遍及全身時加以治療。使用碘劑或真菌用抗生物質治療。

No.3

＜寄生蟲性皮膚疾病＞

●原　因

疥癬蟲寄生而發病。幼犬較常見，也會傳染給人類。

●症　狀

初期有強烈發癢症狀。四肢、指間及耳翼的皮膚會粗糙，前足肘的部分會掉毛。嚴重時，掉毛、皮屑、苔癬化的症狀會擴散。

●處理方法

從醫院拿回藥浴劑洗身體，進行具有殺蟲效果的注射，驅除蟎。

▼疥癬蟲寄生的初期症狀

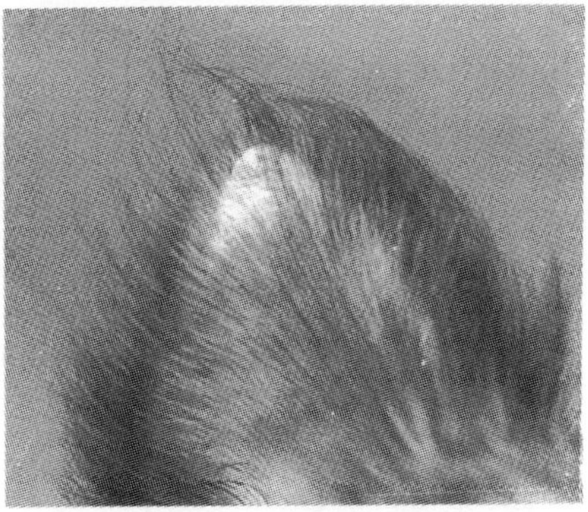

＜內分泌性皮膚疾病＞

●原　因

母犬較常見。卵巢機能失調、卵巢荷爾蒙分泌異常所引起。

●症　狀

主要在側腹、臀部、大腿部出現左右對稱的掉毛現象。特徵是不會發癢。嚴重時皮膚肥厚、變黑變硬。此外，也可能使陰部拉長、喪失緊張感。

●處理方法

根據不同症狀給與適當的治療。如果不想讓牠生幼犬，就先做避孕手術。

▼全身掉毛的嚴重的症例

皮膚疾病

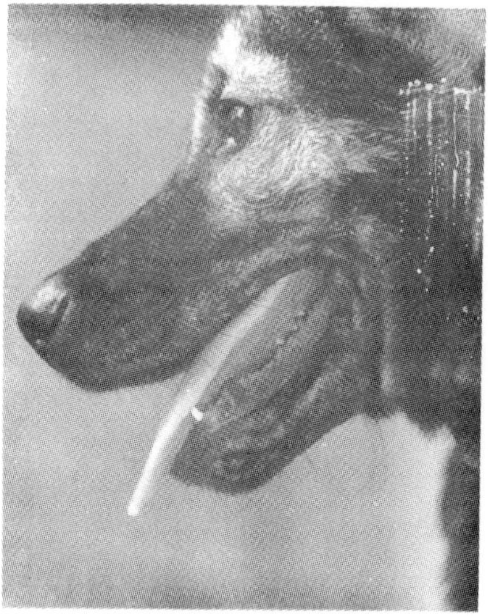

＜毛包蟲症＞

●**原　因**

毛包蟲寄生而發症。

●**症　狀**

不會發癢。初期在臉部，尤其是眉目之間會掉毛。在這個階段不加以診治的話，全身都會掉毛。毛細孔會化膿，因為不會癢，有時疏於處理，一旦發現掉毛現象，就需要注意。

●**處理方法**

需要專門知識。用熱水充分清洗身體，保持清潔就能預防。如果發症會遍及全身，可能與全身的免疫不全有關，很難治療。

＜腫瘤性皮膚病＞

(1)鈕釦狀腫瘤

●**原　因**

雖是良性腫瘤，但原因不明。

●**症　狀**

頭、臉出現紅色的腫瘤。

●**處理方法**

切除腫瘤，復原情形良好，能完全治好。

(2)肥胖細胞瘤

●**原　因**

惡性腫瘤，原因不明。

●**症　狀**

四肢出現圓形掉毛症狀。原本是一點點腫，最後會變浮腫。浮腫的大小不同，有的孤立，有的附著在一起。內股和大腿部的外側及腹部也會出現這個症狀。

●**處理方法**

由於是惡性腫瘤，即使動手術，復原情形也不佳。

No.4

鼻子的疾病

＜慢性鼻炎＞

●原　因

因為感冒病毒的原因而流鼻水。

●症　狀

不會發燒，但有鼻水殘留，變成慢性化。

●處理方法

定期接受預防接種，預防流行性感冒。投與抗生物質防止慢性化。

＜鼻腔內異物＞

●原　因

散步中異物進入鼻腔而引起

●症　狀

打噴嚏、咳嗽、流鼻水，嚴重時會流鼻血。

●處理方法

散步時不要進入草木茂盛處。用衛生紙擦拭，取出鼻中異物即可。如果異物進入深處，必須先麻醉再取出。

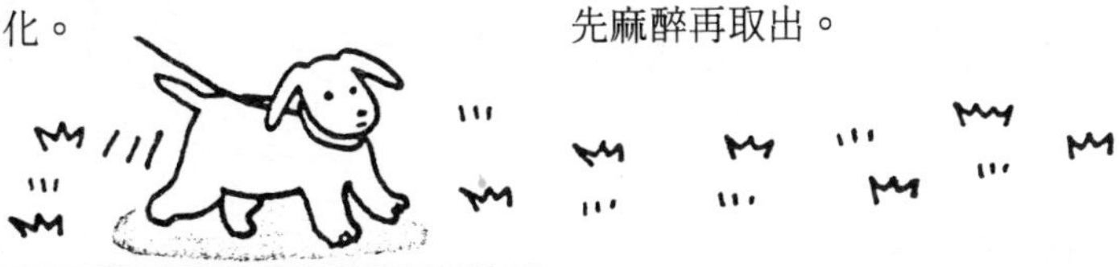

口腔的疾病

＜齒肉炎＞

●原　因

牙結石積存，齒肉出現發炎症狀而引起。齒周炎、齒槽膿漏、齒根炎的元凶都是牙結石。

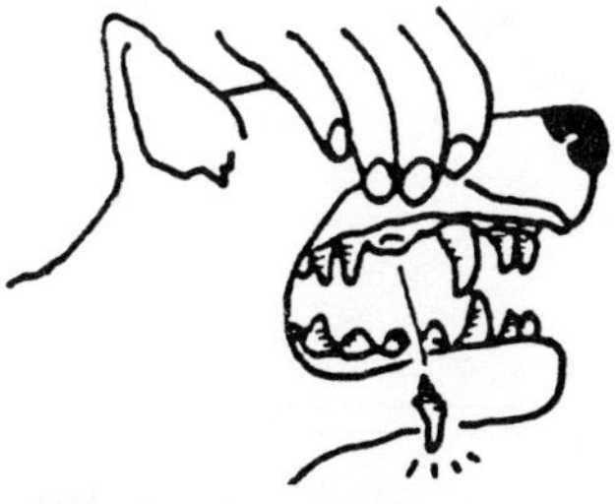

●症　狀

缺乏食慾、口臭。嚴重時牙齒鬆動甚至掉落。

●處理方法

定期檢查牙齒，去除牙結石。幼犬的話，出生後七個月之前乳齒會換成恆齒，如果乳齒殘留的話，也容易積存牙結石，會造成恆齒亂長，不能只讓牠吃柔軟的食物。

耳的疾病

＜耳靡爛（外耳炎）＞

●原　因

過度清理耳朵或拔毛，造成細菌感染而引起。洗澡時水進入耳中，耳部無法抵擋細菌也可能發症。另外，也與全身皮膚疾病有關。

●症　狀

不斷用腳抓耳朵或搖頭，或是咬頭。

●處理方法

洗淨耳朵，投與抗發炎劑與抗生物質。出現皮膚疾病時要進行全身治療。

DOG CRINIC

■犬耳的構造

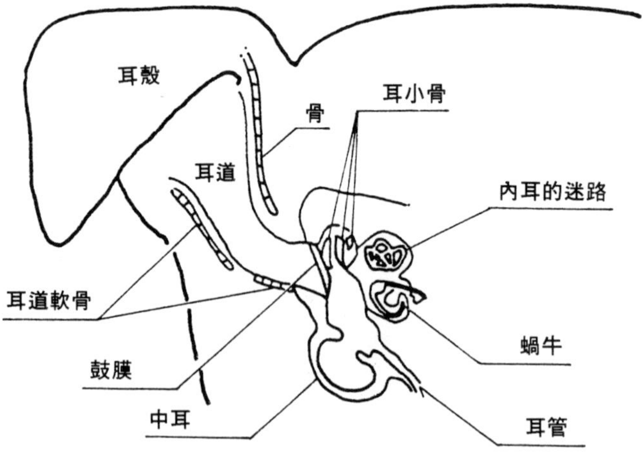

No.5

<肥厚性外耳炎>

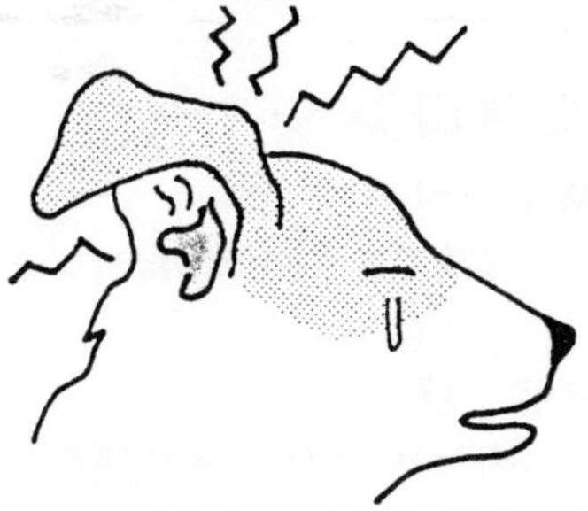

●**原　因**

酵母菌、慢性皮膚炎、脂漏性皮膚炎、跳蚤過敏等都是原因。

●**症　狀**

耳的皮膚增厚，漸漸肥厚，耳孔阻塞，伴隨發癢症狀。

●**處理方法**

有各種原因，所以首先要找出原因，需以外科治療。

<耳血瘤>

●**原　因**

據說是由自我免疫疾病所引起的，原因不明。

●**症　狀**

耳翼和軟骨之間積存水樣液體，漸漸腫脹成水枕狀，會感到疼痛。

●**處理方法**

放任不管的話，就好像熱水淋塑膠袋似地會縮小痊癒。但是疼痛時要到醫院抽出水來。如果要好好治療，一定要接受外科手術。

<耳蟎>

●**原　因**

由耳蟎的寄生而引起。

●**症　狀**

耳中乾燥、非常癢。耳中出現好像乾燥巧克力的顆粒粉。用放大鏡觀察茶黑色的粉時，發現蟎在移動。

●**處理方法**

用空氣清淨機洗濯。用殺蟎劑治療。只要進行正確的診斷、治療，就能完全治好。

眼睛疾病

＜淚斑＞

●原　因

眼睛與鼻子相連的細管阻塞或狹窄時會充滿淚水。

●症　狀

因為眼淚很多，所以眼睛周圍的毛變成茶色，形成淚斑。尤其瑪爾濟斯犬或西施犬、貴賓犬、北京犬、狆等，眼睛大而突出的犬較容易出現。

●處理方法

眼睛濕潤、眼淚流出時，就要儘早接受診察治療。

＜急性角膜炎＞

●原　因

打架或異物進入，傷害眼角膜而引起。此外，眼睛周圍罹患皮膚病而拚命抓時，也可能會傷害角膜。

●症　狀

痛到眼睛無法張開，流大顆的眼淚，最後，眼睛表面變成白濁。

●處理方法

傷口有深淺之分，要儘早接受獸醫診治，接受適當的治療。利用點眼藥大多能完全治好，尤其外傷性的角膜炎，大多會進行為眼球內疾病。所以，未演變為其他疾病時，要儘早處理。

＜結膜炎＞

●原　因

灰塵等異物進入，摩擦眼睛充血而引起結膜發炎。也可能是全身疾病的症狀，必須注意。

●症　狀

結膜部分充血發紅。

●處理方法

用脫脂綿沾溫水，擦拭眼睛。先要去除異物，如果無法改善時，要接受醫師診斷，確認原因、接受治療。

No.6

<睫毛倒長>

●原　因

睫毛亂長，碰到角膜。

●症　狀

睫毛刺激角膜、結膜，不斷流淚，甚至眼瞼抽筋。

●處理方法

在睫毛少的時候拔掉就可以治好。如果亂長的情形很嚴重就要動手術治療。

■狗的眼睛構造

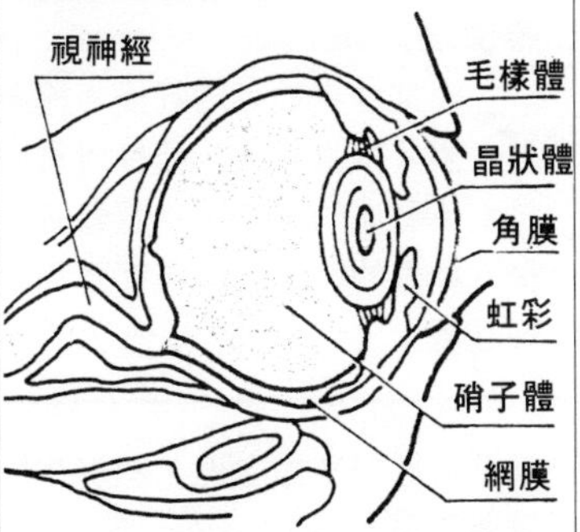

<慢性角膜炎>

●原　因

眼睛周圍的被毛刺到眼球，眼睛無法完全閉合，而慢性地損傷角膜而引起的。

●症　狀

經常流淚、眼睛模糊，用前足摩擦眼睛。

●處理方法

北京犬、西施犬、哈巴狗、狆等前髮下垂的犬種較常出現這種疾病，要將被毛剪短，以免擋住眼睛就能預防。此外，要接受獸醫診斷，進行適當的治療。

<白內障>

●原　因

隨著年長而引起白內障或是遺傳性的青年性白內障（狆、可卡長耳獵犬、貴賓犬等較常出現）

●症　狀

晶狀體白濁、視力衰弱。

●處理方法

輕症者可藉點眼藥防止惡化，重症則一定要動手術。所以一定要早期發現、早期治療。過了十歲以後的老犬一年要進行二次健康診斷。

寄生蟲所引起的疾病

＜蛔蟲症＞

●原　因

母犬有蛔蟲時，經由母乳，會使蛔蟲寄生在幼犬體內，蛔蟲卵和幼蟲侵入子犬的口而進入體內。

●症　狀

吃再多也不會發胖、沒有食慾、下痢等。

●處理方法

出生後第三週要檢查糞便，確認有無寄生蟲。卵會隨尿液和糞便排出，混入土中。狗的四肢沾到土也可能使蛔蟲進入口中，因此要隨時保持狗身體的清潔。確認有寄生蟲時就要投藥驅蟲。

＜鞭蟲症＞

●原　因

蟲卵經口感染進入腸內。僅30～40分鐘就會孵化，在盲腸內形成成蟲，形狀像鞭子。

●症狀

激烈下痢、出現血便；會因貧血、脫水症狀而死亡。

●處理方法

注射驅蟲藥能完全驅蟲，重點是把握時機處理，關鍵在於早期發現。

＜鉤蟲症＞

●原　因

也稱為「十二指腸蟲症」，蟲卵和幼蟲經口感染，同時，也可能透過皮膚毛細孔而感染。

●症　狀

蟲卵通過血管、淋巴管、肺、支氣管、氣管而到達小腸，成為1～2公分的成蟲。卵一起孵化為成蟲時，幼犬會出現急性貧血狀態，幾小時內會死亡。

●處理方法

經常檢查幼犬的糞便。標準是一個月檢查一次。要併用貧血防止及驅蟲的方法，注意營養平衡。驅蟲的時機、投藥都要和獸醫商量。

No. 7

＜球蟲症＞

●原　因

在不衛生的環境中飼養，由於球蟲原蟲經口感染而引起。

●症狀

即使寄生在成犬體內，大多不會出現症狀。如為發育期的幼犬會出現激烈的下痢現象、食慾不振、衰弱、脫水症狀都會出現，由於受到病毒侵襲，幼犬的死亡率極高。

●處理方法

在決定好的期間投與驅蟲藥。受到污染的環境要用滾燙的水消毒（特別是食器和廁所）。此外，在飲食上下工夫，創造體力，預防二次感染，要遵從獸醫的指示。

＜條蟲症＞

●原　因

成蟲體型似瓜類般相連，最長可達40公分，不具排卵孔，所以由糞便中無法檢出卵。體節隨著糞便一起切斷排泄出體外。

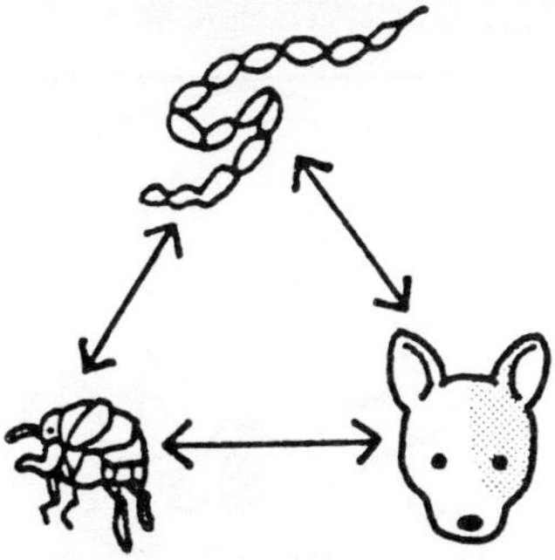

●症　狀

確認糞便中是否有瓜形體節，狗將臀部摩擦地面時，可能是有條蟲，要觀察肛門周圍。此外，排泄的糞便要立刻處理。

●處理方法

排泄在糞便中的體節會成為跳蚤的食餌，而跳蚤附著在狗身上經口感染就會形成惡性循環。因此，要確認條蟲頭部的排泄，同時要驅除跳蚤，發現體節時要和獸醫商量，徹底驅除。

消化器官的疾病

＜慢性胃炎＞

●原　因

刺激胃粘膜的物質、細菌、真菌、病毒、藥劑、化學物質等破壞胃粘膜引起胃炎。

●症　狀

急性時會出現嘔吐、食慾不振、腹病等症狀。肚子咕嚕咕嚕地叫，也可能出現口臭的現象。雖然嘔吐卻想喝水。

慢性時會出現食慾不振、嘔吐、沒有元氣、體重減輕、貧血等現象。

●處理方法

增強胃的作用，服用保護胃粘膜的藥、抑制胃酸的藥物、抑制嘔吐、疼痛的藥物等。

為避免脫水症狀出現，要補充因嘔吐而流失的水分。

＜腸炎＞

●原　因

經由病毒、細菌（大腸菌、沙門氏菌等）感染而發症的傳染性腸炎。

●症　狀

下痢、嘔吐等症狀有輕微和嚴重的程度。嚴重時可能腸內細菌增加，因敗血症死亡。

●處理方法

立刻去看獸醫，接受適當的治療。依症狀不同，有時要利用補液、營養劑、抗生物質的點滴注射方式治療。

＜腸性毒血症＞

●原　因

急性的出血性腸炎，由於會產生毒素（大腸菌、魏氏梭狀芽孢桿菌等）的感染而發症。

●症　狀

引起激烈的出血性下痢，幾小時內就會死亡，不可掉以輕心。

●處理方法

出現嚴重的下痢症狀時，要立刻送醫診治。利用點滴和抗生物質的投與做注射治療。

No.8

＜急性胰臟炎＞

●原　因

高脂質的飲食給與過多或是給與零食等，過著不規律的飲食生活。肥胖犬較常見。

●症　狀

嘔吐、下痢、整個身體縮成圓形。因為與胃腸疾病類似，所以容易弄錯。重點是做正確的診斷。疾病進行時，對心臟、血管都會造成不良影響，是非常危險的疾病，必須注意。

●處理方法

避免過食導致肥胖。診斷後最初的4～5天要絕食，讓胰臟休息，利用點滴等進行治療，保持靜養。

DOG CRINIC

■狗內臟的位置

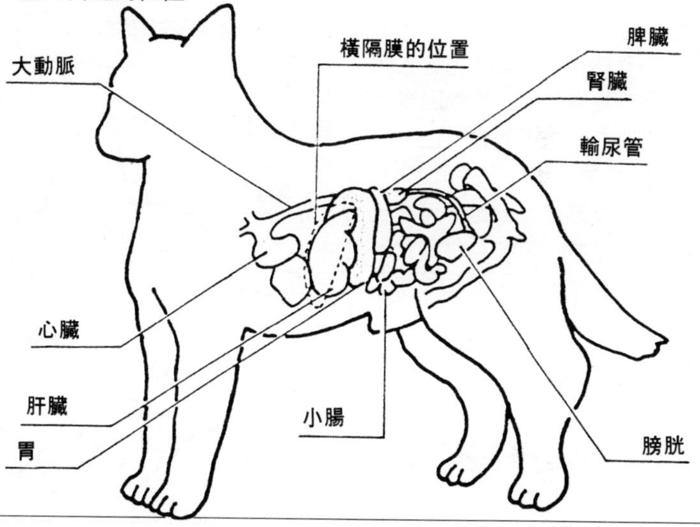

呼吸器官的疾病

<支氣管炎>

●原　因

支氣管發炎、粘膜腫脹，空氣可能通過氣道。

●症　狀

因為感冒的症狀而咳嗽。

●處理方法

抑制粘膜的發炎症狀，投與抗生物質等。

<氣管虛脫>

●原　因

與生俱來的氣管軟骨未發育而發症。

●症　狀

一旦狂吠、興奮時，會咳嗽。重症時氣管阻塞、呼吸困難，引起青紫病，也可能會死亡。

●處理方法

幼犬期開始訓練牠不可亂吠叫。防止肥胖，不要使狗興奮。為了確保氣道暢通，要插入環。

<肺炎>

●原　因

出現感冒諸症狀（支氣管炎等）時，引起肺部發炎症狀。

●症　狀

發高燒、咳嗽。

●處理方法

進行X光檢查，確認有無疾病。為了靜養可以住院。

■氣管圖

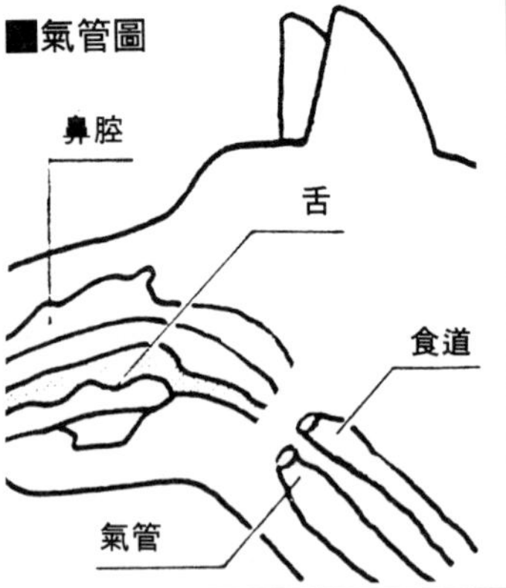

No.9　泌尿器官疾病

＜膀胱炎＞

●原　因

細菌進入膀胱，引起膀胱發炎。

●症　狀

出現血尿及混濁尿，排尿時疼痛。

●處理方法

一定期間（三週內）服用抗生物質，投藥後要檢查確認細菌的有無。預防方法為不斷給與新鮮的水。

＜膀胱結石＞

●原　因

反覆出現慢性膀胱炎而發症。

●症　狀

與膀胱炎同樣出現血尿、排尿時疼痛。此外，尿道炎、尿道結石的症狀也相同。公犬尿道易有結石阻塞，很難排尿，需緊急處理。

●處理方法

利用外科手術去除結石。手術後三週內要持續服用抗生物質。排尿時出現異常症狀時，要儘早接受獸醫診斷。

＜腎炎＞

●原　因

腎臟受細菌侵襲，引起發炎、腎功能不良。

●症　狀

頻尿、喝很多水。此外，腎盂炎、腎結石等症狀都相同。

●處理方法

不要忍耐排尿。做血液、尿液檢查，由診斷的結果加以治療

生殖器官的疾病

＜前列腺肥大症＞

●原　因

5歲以上未動過去勢手術的公犬會發症。男性荷爾蒙與女性荷爾蒙分泌失調，尤其男性荷爾蒙分泌過多也會引起。

●症　狀

一旦前列腺肥大時，排尿和排便時會出現強烈疼痛。尿中摻雜血液，會發燒，因為疼痛而走路方式怪異。

●處理方法

經用X光檢查後，觸摸檢查腹部。投與藥物治療。如果不讓狗繼續繁殖，最好的方法就是動去勢手術。

＜會陰突出症＞

●原　因

未動過去勢手術的老齡公犬容易罹患。排便時腹壓上升，用力時腸間膜和膀胱、直腸會被擠出。

●症　狀

肛門左右或單側柔軟腫脹，按壓則恢復原狀。重症時，糞便、尿液很難排出，會導致死亡。

●處理方法

進行防止突出孔的外科手術。

＜子宮蓄膿症＞

●原　因

較常見於未動過避孕手術的母犬。卵巢機能衰退的中年以後的母犬到了發情期時，細菌進入子宮內，引起子宮內膜炎。

●症　狀

陰道出現膿，有的症狀不會出現。喝很多水、尿量增加，出現貧血、發燒、嘔吐等症狀。重症時因脫水狀況而導致死亡。

●處理方法

進行摘除卵巢和子宮的手術。如果不想讓狗繁殖，可以用避孕手術，是最好的預防法。

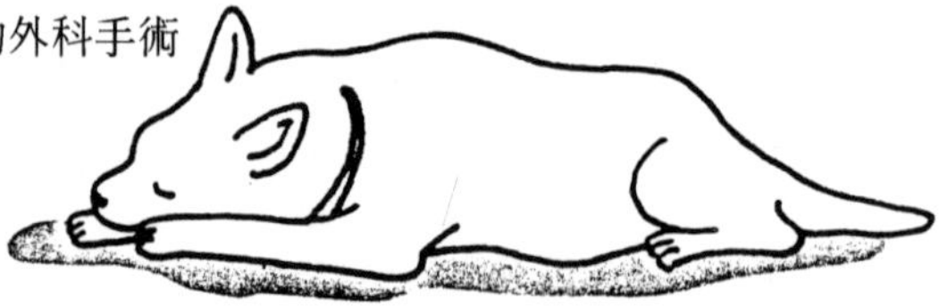

No.10 循環器官的疾病

<心臟瓣膜症>

●原　因

狗到了中、老年時，心臟瓣膜變形、拉長或瓣的閉鎖不順暢、血液由左心室逆流回左心房而造成。老犬罹患率較高，結果容易造成心不全。

●症狀

早或晚會激烈咳嗽、容易疲倦、不想動，出現運動的不耐性。重症時會有肺水積存、引起肺水腫而死亡。

●處理方法

進行內科檢查，配合症狀治療。有的只要避免激烈運動即可，有的則需接受長期投藥，耐心地治療。

管理不完善而引起的疾病

<中暑>

●原　因

將狗栓在將近40度的炎炎夏日中或關在車上而引起。

●症　狀

痙攣、意識昏迷。此外，可能會造成尿毒症、腎臟不良。

●處理方法

夏季時，屋外犬的狗屋要有遮陽設備。這是因管理不慎而引起的疾病，所以要特別注意。

<中毒>

●原　因

由於食物、藥物或暖房中缺氧而引起中毒症狀。

●症　狀

食物中毒或誤服藥物等會嘔吐、下痢。

●處理方法

一般毒物只要吐出即可。揮發性毒物不可吐出。要連同部分吐物一起立刻送醫救治。

代謝性疾病

＜糖尿病＞

●原　因

攝取的肉量太多，一旦肥胖時容易發症。

●症　狀

想喝水、容易疲倦。

●處理方法

預防過度肥胖，要讓狗過規律正常的飲食生活、養成運動的習慣，不可以吃零食。給與糖尿病用處方食，進行食物療法、胰島素注射。

＜低血糖症＞

●原　因

與生俱來肝臟的糖原無法轉換為葡萄糖，或是因環境變化而形成壓力，或是受同伴欺侮而形成壓力，因此無法好好攝取食物、導致失眠而發症，大多是幼犬。

●症　狀

幼犬缺乏食慾或伴隨下痢時，血糖值下降，有的是急速下降，有的是緩慢下降。急速下降時會引起痙攣發作；緩慢下降時眼睛茫然，最後形成昏睡狀態而導致死亡。

●處理方法

遵守用餐次數，不要讓愛犬肚子餓。沒有預備力的幼犬不能拉長空腹的時間。此外，容易誤診為是犬溫熱病所造成的痙攣。因此須正確地診斷治療。

No.11　腦部疾病

＜癲癇＞

●原　因

由於暫時性的機能異常而引起。

●症　狀

周期性反覆出現痙攣發作。發作在2～3分鐘內結束，但可能再重複出現，這時就疑似癲癇。犬瘟熱病也會引起痙攣，因此一定不能經由外行人加以判斷。

●處理方法

終生持續服用防止發作的藥物，只要服藥就能過普通的生活。

＜腦炎＞

●原　因

發高燒、伴隨痙攣發作，腦出現發炎症狀。犬瘟熱病惡化時就會出現腦炎。

●症　狀

會引起痙攣發作。

●處理方法

投與點滴或抗生物質治療。

腫　瘤

＜乳腺腫瘤＞

●原　因

多見於未接受避孕手術的母犬。是腫瘤中最多的一種。

●症　狀

皮下乳腺出現硬塊。如果未早期發現，腫瘤會出現在體表。惡性時會轉移到肺而導致死亡。

●處理方法

不讓狗繁殖時要動避孕手術就能完全預防。此外，早期發現、早期治療非常重要，要經常檢查乳房周邊。

※老犬肺、肝臟、前列腺等處發生癌的機率較高，因此，每年至少要做一次健康診斷。

▶皮下發症的硬塊增大的症例

關節、骨的疾病

＜膝蓋骨脫臼＞

●原　因

常見於室內小型犬、幼犬。是遺傳性較強的疾病，膝蓋頭較弱。

具有這種素質的狗的後肢一旦加上較強的負荷時，就容易發生這種疾病。

●症　狀

膝蓋骨脫臼、膝異常彎曲。肥胖時要承擔較重的體重，更會惡化。

●處理方法

出生後一年以內就能發現疾病，可以進行外科矯正手術，復原情形良好。

■骨的構造

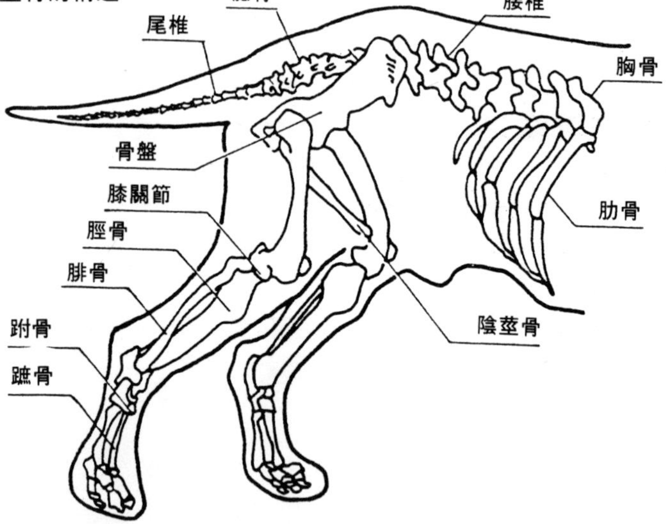

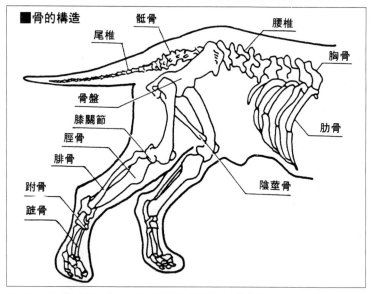

No.12

＜營養性二次性上皮小體機能亢進症＞

（佝僂病）

●原　因

幼犬較易罹患。磷和鈣的平衡不良、營養不良等原因而發病。

●症狀

足和背部骨彎曲、關節腫脹而不喜歡運動。容易骨折。

●處理方法

早期發現，維持磷與鈣的平衡，只要營養狀態良好，就能自然恢復。

＜椎間盤突出症＞

●原　因

老化後過度激烈運動而導致骨變形，突出於脊椎內壓迫神經引起麻痺。也可能是肥胖所造成的。

●症　狀

初期背部疼痛，不喜歡被觸摸。後部搖晃，腿臂貼近或交叉。下半身會急速麻痺惡化而無法動彈。

●處理方法

骨變形的部分以外科手術就能去除，但無法100％治好。消除運動不足的現象是最好的預防方法。

＜變形骨病＞

●原　因

大腿骨與髖骨（骨盤）相連的大腿骨頭血液不足，這個部分受到損傷。

●症　狀

由於血液障礙而骨頭部的組織受到破壞而變形。稍微移動腳就會感覺疼痛，活動遲鈍。不喜歡別人接觸腰的部份。

●處理方法

大多以內科的方式防止患部發炎，利用手術裝置人工骨或切除骨頭的治療法都有。

	7～9個月	10～12個月	7歲以後
	□恆齒長齊 □初次發情出現（因犬種而異）	成為成犬	進入中年（癌年齡）
	□跳蚤及螨的預防和驅除 □食物的標準 1 天 1～2 次 □早晚的散步與照顧	□第10個月要動去勢、避孕手術 □追加接種混合疫苗 □檢查糞便、驅蟲 □成犬的飲食為 1 天 1～2 次 □早晚的散步與照顧	□ 1 年 1 次健康檢查 過了10歲以後一年進行 2 次 □老犬的飲食為一天 3～4 次 □散步不宜過量 □勤於修剪毛
		有必要時可請訓練師代為訓練	排泄、飲食的訓練容易破壞，因此要重新訓練

（4～11月時）可以服用預防藥

■動物日曆

愛犬姓名＿＿＿＿＿＿＿＿

出生年月日＿＿＿＿＿＿＿＿

	1～2個月	3～4個月	5～6個月
發育	□出生10天體重約增加為2倍 □大約2週內開始走路 □30天開始斷奶食，55天斷奶食終了 □第8週乳齒全都長齊 （※關於發育只是一個大致的標準）		
健康管理	□出生後第3週要檢查糞便、驅蟲 □第60天接種混合疫苗 □預防及驅除跳蚤、蟎 □開始洗澡、刷毛 □食物的標準為1天3～5次	□第90天接受狂犬病預防注射（以後每年接種一次） □追加接種混合疫苗 □檢查糞便、驅蟲 □預防及驅除跳蚤、蟎 □習慣洗澡、刷毛 □食物的標準為1天2～3次	□跳蚤及蟎的預防和驅除 □食物的標準1天2～3次 □早晚的散步與照顧
教養、訓練	□自由處理狗，建立親膚關係 □從來的第一天開始訓練狗上廁所 	□徹底進行廁所、飲食的訓練 □教導狗「不行」、「很好」 □訓練狗日常生活中不可做的事 □進入狗屋的訓練 □教導狗「過來」、「坐下」	□以出生後6個月為標準，徹底進行基本訓練 □教導狗「等等」、「趴下」、「跟著」 □學會「趴下」後教導狗休息

＊絲蟲症的預防──服用預防藥之前要做血液檢查。確認疾病的有無，有蚊子的時期

各項目的□請於檢查欄中活用

主編簡介

磯部芳郎

磯部動物醫院院長

■簡歷

1939年　出生於東京武藏野市。
1962年　畢業於麻布獸醫大學後。任職於國立預防研究所實驗動物室。後來曾在橫濱、藤井綜合醫院工作。
1966年　在東京保谷市開設磯部動物醫院。
1973年　遷移至東京東久留米市開業至今。
為東京都獸醫師會研究委員、東京都北多摩獸醫師會會長、日本小動物獸醫師會研究委員、日本動物醫院福利協會理事。
主編≪漫畫愛犬的飼養法、訓練法≫。

杉浦　哲

日本牧羊犬協會訓練師範會會長

■簡歷

1925年　出生於東京新宿
1949年　進入第二警犬訓練所
1956年　開設「杉浦警犬訓練所」至今
1959年　成為日本牧羊犬協會一級訓練師
1975年　成為日本牧羊犬協會訓練師範
1978年　成為日本牧羊犬協會本部理事直到現在。為全日本訓練士團體聯合會副會長。

大展出版社有限公司
品冠文化出版社

圖書目錄

地址：台北市北投區(石牌)
致遠一路二段 12 巷 1 號
郵撥：0166955～1
電話：(02)28236031
28236033
傳真：(02)28272069

・法律專欄連載・電腦編號 58

台大法學院　法律學系／策劃
法律服務社／編著

1. 別讓您的權利睡著了 [1]		200 元
2. 別讓您的權利睡著了 [2]		200 元

・武術特輯・電腦編號 10

1. 陳式太極拳入門	馮志強編著	180 元
2. 武式太極拳	郝少如編著	200 元
3. 練功十八法入門	蕭京凌編著	120 元
4. 教門長拳	蕭京凌編著	150 元
5. 跆拳道	蕭京凌編譯	180 元
6. 正傳合氣道	程曉鈴譯	200 元
7. 圖解雙節棍	陳銘遠著	150 元
8. 格鬥空手道	鄭旭旭編著	200 元
9. 實用跆拳道	陳國榮編著	200 元
10. 武術初學指南	李文英、解守德編著	250 元
11. 泰國拳	陳國榮著	180 元
12. 中國式摔跤	黃　斌編著	180 元
13. 太極劍入門	李德印編著	180 元
14. 太極拳運動	運動司編	250 元
15. 太極拳譜	清・王宗岳等著	280 元
16. 散手初學	冷　峰編著	200 元
17. 南拳	朱瑞琪編著	180 元
18. 吳式太極劍	王培生著	200 元
19. 太極拳健身和技擊	王培生著	250 元
20. 秘傳武當八卦掌	狄兆龍著	250 元
21. 太極拳論譚	沈　壽著	250 元
22. 陳式太極拳技擊法	馬　虹著	250 元
23. 二十四式／三十二式 太極 拳／劍	闞桂香著	180 元
24. 楊式秘傳 129 式太極長拳	張楚全著	280 元
25. 楊式太極拳架詳解	林炳堯著	280 元

26. 華佗五禽劍	劉時榮著	180 元
27. 太極拳基礎講座:基本功與簡化 24 式	李德印著	250 元
28. 武式太極拳精華	薛乃印著	200 元
29. 陳式太極拳拳理闡微	馬 虹著	350 元
30. 陳式太極拳體用全書	馬 虹著	400 元
31. 張三豐太極拳	陳占奎著	200 元
32. 中國太極推手	張 山主編	300 元
33. 48 式太極拳入門	門惠豐編著	220 元

・原地太極拳系列・電腦編號 11

1. 原地綜合太極拳 24 式	胡啓賢創編	220 元
2. 原地活步太極拳 42 式	胡啓賢創編	200 元
3. 原地簡化太極拳 24 式	胡啓賢創編	200 元
4. 原地太極拳 12 式	胡啓賢創編	200 元

・道 學 文 化・電腦編號 12

1. 道在養生：道教長壽術	郝 勤等著	250 元
2. 龍虎丹道：道教內丹術	郝 勤著	300 元
3. 天上人間：道教神仙譜系	黃德海著	250 元
4. 步罡踏斗：道教祭禮儀典	張澤洪著	250 元
5. 道醫窺秘：道教醫學康復術	王慶餘等著	250 元
6. 勸善成仙：道教生命倫理	李 剛著	250 元
7. 洞天福地：道教宮觀勝境	沙銘壽著	250 元
8. 青詞碧簫：道教文學藝術	楊光文等著	250 元
9. 沈博絕麗：道教格言精粹	朱耕發等著	250 元

・秘傳占卜系列・電腦編號 14

1. 手相術	淺野八郎著	180 元
2. 人相術	淺野八郎著	180 元
3. 西洋占星術	淺野八郎著	180 元
4. 中國神奇占卜	淺野八郎著	150 元
5. 夢判斷	淺野八郎著	150 元
6. 前世、來世占卜	淺野八郎著	150 元
7. 法國式血型學	淺野八郎著	150 元
8. 靈感、符咒學	淺野八郎著	150 元
9. 紙牌占卜學	淺野八郎著	150 元
10. ESP 超能力占卜	淺野八郎著	150 元
11. 猶太數的秘術	淺野八郎著	150 元
12. 新心理測驗	淺野八郎著	160 元
13. 塔羅牌預言秘法	淺野八郎著	200 元

·趣味心理講座· 電腦編號 15

1.	性格測驗 探索男與女	淺野八郎著	140 元
2.	性格測驗 透視人心奧秘	淺野八郎著	140 元
3.	性格測驗 發現陌生的自己	淺野八郎著	140 元
4.	性格測驗 發現你的真面目	淺野八郎著	140 元
5.	性格測驗 讓你們吃驚	淺野八郎著	140 元
6.	性格測驗 洞穿心理盲點	淺野八郎著	140 元
7.	性格測驗 探索對方心理	淺野八郎著	140 元
8.	性格測驗 由吃認識自己	淺野八郎著	160 元
9.	性格測驗 戀愛知多少	淺野八郎著	160 元
10.	性格測驗 由裝扮瞭解人心	淺野八郎著	160 元
11.	性格測驗 敲開內心玄機	淺野八郎著	140 元
12.	性格測驗 透視你的未來	淺野八郎著	160 元
13.	血型與你的一生	淺野八郎著	160 元
14.	趣味推理遊戲	淺野八郎著	160 元
15.	行爲語言解析	淺野八郎著	160 元

·婦 幼 天 地· 電腦編號 16

1.	八萬人減肥成果	黃靜香譯	180 元
2.	三分鐘減肥體操	楊鴻儒譯	150 元
3.	窈窕淑女美髮秘訣	柯素娥譯	130 元
4.	使妳更迷人	成 玉譯	130 元
5.	女性的更年期	官舒妍編譯	160 元
6.	胎內育兒法	李玉瓊編譯	150 元
7.	早產兒袋鼠式護理	唐岱蘭譯	200 元
8.	初次懷孕與生產	婦幼天地編譯組	180 元
9.	初次育兒 12 個月	婦幼天地編譯組	180 元
10.	斷乳食與幼兒食	婦幼天地編譯組	180 元
11.	培養幼兒能力與性向	婦幼天地編譯組	180 元
12.	培養幼兒創造力的玩具與遊戲	婦幼天地編譯組	180 元
13.	幼兒的症狀與疾病	婦幼天地編譯組	180 元
14.	腿部苗條健美法	婦幼天地編譯組	180 元
15.	女性腰痛別忽視	婦幼天地編譯組	150 元
16.	舒展身心體操術	李玉瓊編譯	130 元
17.	三分鐘臉部體操	趙薇妮著	160 元
18.	生動的笑容表情術	趙薇妮著	160 元
19.	心曠神怡減肥法	川津祐介著	130 元
20.	內衣使妳更美麗	陳玄茹譯	130 元
21.	瑜伽美姿美容	黃靜香編著	180 元
22.	高雅女性裝扮學	陳珮玲譯	180 元
23.	蠶糞肌膚美顏法	梨秀子著	160 元

24. 認識妳的身體	李玉瓊譯	160 元
25. 產後恢復苗條體態	居理安・芙萊喬著	200 元
26. 正確護髮美容法	山崎伊久江著	180 元
27. 安琪拉美姿養生學	安琪拉蘭斯博瑞著	180 元
28. 女體性醫學剖析	增田豐著	220 元
29. 懷孕與生產剖析	岡部綾子著	180 元
30. 斷奶後的健康育兒	東城百合子著	220 元
31. 引出孩子幹勁的責罵藝術	多湖輝著	170 元
32. 培養孩子獨立的藝術	多湖輝著	170 元
33. 子宮肌瘤與卵巢囊腫	陳秀琳編著	180 元
34. 下半身減肥法	納他夏・史達賓著	180 元
35. 女性自然美容法	吳雅菁編著	180 元
36. 再也不發胖	池園悅太郎著	170 元
37. 生男生女控制術	中垣勝裕著	220 元
38. 使妳的肌膚更亮麗	楊　皓編著	170 元
39. 臉部輪廓變美	芝崎義夫著	180 元
40. 斑點、皺紋自己治療	高須克彌著	180 元
41. 面皰自己治療	伊藤雄康著	180 元
42. 隨心所欲瘦身冥想法	原久子著	180 元
43. 胎兒革命	鈴木丈織著	180 元
44. NS 磁氣平衡法塑造窈窕奇蹟	古屋和江著	180 元
45. 享瘦從腳開始	山田陽子著	180 元
46. 小改變瘦 4 公斤	宮本裕子著	180 元
47. 軟管減肥瘦身	高橋輝男著	180 元
48. 海藻精神秘美容法	劉名揚編著	180 元
49. 肌膚保養與脫毛	鈴木真理著	180 元
50. 10 天減肥 3 公斤	彤雲編輯組	180 元
51. 穿出自己的品味	西村玲子著	280 元
52. 小孩髮型設計	李芳黛譯	250 元

・青春天地・電腦編號 17

1. A 血型與星座	柯素娥編譯	160 元
2. B 血型與星座	柯素娥編譯	160 元
3. O 血型與星座	柯素娥編譯	160 元
4. AB 血型與星座	柯素娥編譯	120 元
5. 青春期性教室	呂貴嵐編譯	130 元
7. 難解數學破題	宋釗宜編譯	130 元
9. 小論文寫作秘訣	林顯茂編譯	120 元
11.中學生野外遊戲	熊谷康編著	120 元
12.恐怖極短篇	柯素娥編譯	130 元
13.恐怖夜話	小毛驢編譯	130 元
14.恐怖幽默短篇	小毛驢編譯	120 元
15.黑色幽默短篇	小毛驢編譯	120 元

16.靈異怪談	小毛驢編譯	130 元
17.錯覺遊戲	小毛驢編著	130 元
18.整人遊戲	小毛驢編著	150 元
19.有趣的超常識	柯素娥編譯	130 元
20.哦！原來如此	林慶旺編譯	130 元
21.趣味競賽 100 種	劉名揚編譯	120 元
22.數學謎題入門	宋釗宜編譯	150 元
23.數學謎題解析	宋釗宜編譯	150 元
24.透視男女心理	林慶旺編譯	120 元
25.少女情懷的自白	李桂蘭編譯	120 元
26.由兄弟姊妹看命運	李玉瓊編譯	130 元
27.趣味的科學魔術	林慶旺編譯	150 元
28.趣味的心理實驗室	李燕玲編譯	150 元
29.愛與性心理測驗	小毛驢編譯	130 元
30.刑案推理解謎	小毛驢編譯	180 元
31.偵探常識推理	小毛驢編譯	180 元
32.偵探常識解謎	小毛驢編譯	130 元
33.偵探推理遊戲	小毛驢編譯	180 元
34.趣味的超魔術	廖玉山編著	150 元
35.趣味的珍奇發明	柯素娥編著	150 元
36.登山用具與技巧	陳瑞菊編著	150 元
37.性的漫談	蘇燕謀編著	180 元
38.無的漫談	蘇燕謀編著	180 元
39.黑色漫談	蘇燕謀編著	180 元
40.白色漫談	蘇燕謀編著	180 元

・健 康 天 地・電腦編號 18

1. 壓力的預防與治療	柯素娥編譯	130 元
2. 超科學氣的魔力	柯素娥編譯	130 元
3. 尿療法治病的神奇	中尾良一著	130 元
4. 鐵證如山的尿療法奇蹟	廖玉山譯	120 元
5. 一日斷食健康法	葉慈容編譯	150 元
6. 胃部強健法	陳炳崑譯	120 元
7. 癌症早期檢查法	廖松濤譯	160 元
8. 老人痴呆症防止法	柯素娥編譯	130 元
9. 松葉汁健康飲料	陳麗芬編譯	130 元
10. 揉肚臍健康法	永井秋夫著	150 元
11. 過勞死、猝死的預防	卓秀貞編譯	130 元
12. 高血壓治療與飲食	藤山順豐著	180 元
13. 老人看護指南	柯素娥編譯	150 元
14. 美容外科淺談	楊啓宏著	150 元
15. 美容外科新境界	楊啓宏著	150 元
16. 鹽是天然的醫生	西英司郎著	140 元

17. 年輕十歲不是夢	梁瑞麟譯	200 元
18. 茶料理治百病	桑野和民著	180 元
19. 綠茶治病寶典	桑野和民著	150 元
20. 杜仲茶養顏減肥法	西田博著	170 元
21. 蜂膠驚人療效	瀨長良三郎著	180 元
22. 蜂膠治百病	瀨長良三郎著	180 元
23. 醫藥與生活	鄭炳全著	180 元
24. 鈣長生寶典	落合敏著	180 元
25. 大蒜長生寶典	木下繁太郎著	160 元
26. 居家自我健康檢查	石川恭三著	160 元
27. 永恆的健康人生	李秀鈴譯	200 元
28. 大豆卵磷脂長生寶典	劉雪卿譯	150 元
29. 芳香療法	梁艾琳譯	160 元
30. 醋長生寶典	柯素娥譯	180 元
31. 從星座透視健康	席拉・吉蒂斯著	180 元
32. 愉悅自在保健學	野本二士夫著	160 元
33. 裸睡健康法	丸山淳士等著	160 元
34. 糖尿病預防與治療	藤田順豐著	180 元
35. 維他命長生寶典	菅原明子著	180 元
36. 維他命 C 新效果	鐘文訓編	150 元
37. 手、腳病理按摩	堤芳朗著	160 元
38. AIDS 瞭解與預防	彼得塔歇爾著	180 元
39. 甲殼質殼聚糖健康法	沈永嘉譯	160 元
40. 神經痛預防與治療	木下真男著	160 元
41. 室內身體鍛鍊法	陳炳崑編著	160 元
42. 吃出健康藥膳	劉大器編著	180 元
43. 自我指壓術	蘇燕謀編著	160 元
44. 紅蘿蔔汁斷食療法	李玉瓊編著	150 元
45. 洗心術健康秘法	竺翠萍編譯	170 元
46. 枇杷葉健康療法	柯素娥編譯	180 元
47. 抗衰血癒	楊啓宏著	180 元
48. 與癌搏鬥記	逸見政孝著	180 元
49. 冬蟲夏草長生寶典	高橋義博著	170 元
50. 痔瘡・大腸疾病先端療法	宮島伸宜著	180 元
51. 膠布治癒頑固慢性病	加瀨建造著	180 元
52. 芝麻神奇健康法	小林貞作著	170 元
53. 香煙能防止癡呆？	高田明和著	180 元
54. 穀菜食治癌療法	佐藤成志著	180 元
55. 貼藥健康法	松原英多著	180 元
56. 克服癌症調和道呼吸法	帶津良一著	180 元
57. B 型肝炎預防與治療	野村喜重郎著	180 元
58. 青春永駐養生導引術	早島正雄著	180 元
59. 改變呼吸法創造健康	原久子著	180 元
60. 荷爾蒙平衡養生秘訣	出村博著	180 元

61. 水美肌健康法	井戶勝富著	170 元
62. 認識食物掌握健康	廖梅珠編著	170 元
63. 痛風劇痛消除法	鈴木吉彥著	180 元
64. 酸莖菌驚人療效	上田明彥著	180 元
65. 大豆卵磷脂治現代病	神津健一著	200 元
66. 時辰療法—危險時刻凌晨 4 時	呂建強等著	180 元
67. 自然治癒力提升法	帶津良一著	180 元
68. 巧妙的氣保健法	藤平墨子著	180 元
69. 治癒 C 型肝炎	熊田博光著	180 元
70. 肝臟病預防與治療	劉名揚編著	180 元
71. 腰痛平衡療法	荒井政信著	180 元
72. 根治多汗症、狐臭	稻葉益巳著	220 元
73. 40 歲以後的骨質疏鬆症	沈永嘉譯	180 元
74. 認識中藥	松下一成著	180 元
75. 認識氣的科學	佐佐木茂美著	180 元
76. 我戰勝了癌症	安田伸著	180 元
77. 斑點是身心的危險信號	中野進著	180 元
78. 艾波拉病毒大震撼	玉川重德著	180 元
79. 重新還我黑髮	桑名隆一郎著	180 元
80. 身體節律與健康	林博史著	180 元
81. 生薑治萬病	石原結實著	180 元
82. 靈芝治百病	陳瑞東著	180 元
83. 木炭驚人的威力	大槻彰著	200 元
84. 認識活性氧	井土貴司著	180 元
85. 深海鮫治百病	廖玉山編著	180 元
86. 神奇的蜂王乳	井上丹治著	180 元
87. 卡拉 OK 健腦法	東潔著	180 元
88. 卡拉 OK 健康法	福田伴男著	180 元
89. 醫藥與生活	鄭炳全著	200 元
90. 洋蔥治百病	宮尾興平著	180 元
91. 年輕 10 歲快步健康法	石塚忠雄著	180 元
92. 石榴的驚人神效	岡本順子著	180 元
93. 飲料健康法	白鳥早奈英著	180 元
94. 健康棒體操	劉名揚編譯	180 元
95. 催眠健康法	蕭京凌編著	180 元
96. 鬱金（美王）治百病	水野修一著	180 元
97. 醫藥與生活	鄭炳全著	200 元

・實用女性學講座・電腦編號 19

1. 解讀女性內心世界	島田一男著	150 元
2. 塑造成熟的女性	島田一男著	150 元
3. 女性整體裝扮學	黃靜香編著	180 元
4. 女性應對禮儀	黃靜香編著	180 元

5.	女性婚前必修	小野十傳著	200 元
6.	徹底瞭解女人	田口二州著	180 元
7.	拆穿女性謊言 88 招	島田一男著	200 元
8.	解讀女人心	島田一男著	200 元
9.	俘獲女性絕招	志賀貢著	200 元
10.	愛情的壓力解套	中村理英子著	200 元
11.	妳是人見人愛的女孩	廖松濤編著	200 元

・校園系列・電腦編號 20

1.	讀書集中術	多湖輝著	180 元
2.	應考的訣竅	多湖輝著	150 元
3.	輕鬆讀書贏得聯考	多湖輝著	150 元
4.	讀書記憶秘訣	多湖輝著	180 元
5.	視力恢復！超速讀術	江錦雲譯	180 元
6.	讀書 36 計	黃柏松編著	180 元
7.	驚人的速讀術	鐘文訓編著	170 元
8.	學生課業輔導良方	多湖輝著	180 元
9.	超速讀超記憶法	廖松濤編著	180 元
10.	速算解題技巧	宋釗宜編著	200 元
11.	看圖學英文	陳炳崑編著	200 元
12.	讓孩子最喜歡數學	沈永嘉譯	180 元
13.	催眠記憶術	林碧清譯	180 元
14.	催眠速讀術	林碧清譯	180 元
15.	數學式思考學習法	劉淑錦譯	200 元
16.	考試憑要領	劉孝暉著	180 元
17.	事半功倍讀書法	王毅希著	200 元
18.	超金榜題名術	陳蒼杰譯	200 元
19.	靈活記憶術	林耀慶編著	180 元

・實用心理學講座・電腦編號 21

1.	拆穿欺騙伎倆	多湖輝著	140 元
2.	創造好構想	多湖輝著	140 元
3.	面對面心理術	多湖輝著	160 元
4.	偽裝心理術	多湖輝著	140 元
5.	透視人性弱點	多湖輝著	140 元
6.	自我表現術	多湖輝著	180 元
7.	不可思議的人性心理	多湖輝著	180 元
8.	催眠術入門	多湖輝著	150 元
9.	責罵部屬的藝術	多湖輝著	150 元
10.	精神力	多湖輝著	150 元
11.	厚黑說服術	多湖輝著	150 元

12. 集中力　多湖輝著　150 元
13. 構想力　多湖輝著　150 元
14. 深層心理術　多湖輝著　160 元
15. 深層語言術　多湖輝著　160 元
16. 深層說服術　多湖輝著　180 元
17. 掌握潛在心理　多湖輝著　160 元
18. 洞悉心理陷阱　多湖輝著　180 元
19. 解讀金錢心理　多湖輝著　180 元
20. 拆穿語言圈套　多湖輝著　180 元
21. 語言的內心玄機　多湖輝著　180 元
22. 積極力　多湖輝著　180 元

・超現實心理講座・電腦編號 22

1. 超意識覺醒法　詹蔚芬編譯　130 元
2. 護摩秘法與人生　劉名揚編譯　130 元
3. 秘法！超級仙術入門　陸明譯　150 元
4. 給地球人的訊息　柯素娥編著　150 元
5. 密教的神通力　劉名揚編著　130 元
6. 神秘奇妙的世界　平川陽一著　200 元
7. 地球文明的超革命　吳秋嬌譯　200 元
8. 力量石的秘密　吳秋嬌譯　180 元
9. 超能力的靈異世界　馬小莉譯　200 元
10. 逃離地球毀滅的命運　吳秋嬌譯　200 元
11. 宇宙與地球終結之謎　南山宏著　200 元
12. 驚世奇功揭秘　傅起鳳著　200 元
13. 啓發身心潛力心象訓練法　栗田昌裕著　180 元
14. 仙道術遁甲法　高藤聰一郎著　220 元
15. 神通力的秘密　中岡俊哉著　180 元
16. 仙人成仙術　高藤聰一郎著　200 元
17. 仙道符咒氣功法　高藤聰一郎著　220 元
18. 仙道風水術尋龍法　高藤聰一郎著　200 元
19. 仙道奇蹟超幻像　高藤聰一郎著　200 元
20. 仙道鍊金術房中法　高藤聰一郎著　200 元
21. 奇蹟超醫療治癒難病　深野一幸著　220 元
22. 揭開月球的神秘力量　超科學研究會　180 元
23. 西藏密教奧義　高藤聰一郎著　250 元
24. 改變你的夢術入門　高藤聰一郎著　250 元
25. 21 世紀拯救地球超技術　深野一幸著　250 元

・養 生 保 健・電腦編號 23

1. 醫療養生氣功　黃孝寬著　250 元

2.	中國氣功圖譜	余功保著	250 元
3.	少林醫療氣功精粹	井玉蘭著	250 元
4.	龍形實用氣功	吳大才等著	220 元
5.	魚戲增視強身氣功	宮　嬰著	220 元
6.	嚴新氣功	前新培金著	250 元
7.	道家玄牝氣功	張　章著	200 元
8.	仙家秘傳袪病功	李遠國著	160 元
9.	少林十大健身功	秦慶豐著	180 元
10.	中國自控氣功	張明武著	250 元
11.	醫療防癌氣功	黃孝寬著	250 元
12.	醫療強身氣功	黃孝寬著	250 元
13.	醫療點穴氣功	黃孝寬著	250 元
14.	中國八卦如意功	趙維漢著	180 元
15.	正宗馬禮堂養氣功	馬禮堂著	420 元
16.	秘傳道家筋經內丹功	王慶餘著	280 元
17.	三元開慧功	辛桂林著	250 元
18.	防癌治癌新氣功	郭　林著	180 元
19.	禪定與佛家氣功修煉	劉天君著	200 元
20.	顛倒之術	梅自強著	360 元
21.	簡明氣功辭典	吳家駿編	360 元
22.	八卦三合功	張全亮著	230 元
23.	朱砂掌健身養生功	楊永著	250 元
24.	抗老功	陳九鶴著	230 元
25.	意氣按穴排濁自療法	黃啓運編著	250 元
26.	陳式太極拳養生功	陳正雷著	200 元
27.	健身祛病小功法	王培生著	200 元
28.	張式太極混元功	張春銘著	250 元
29.	中國璇密功	羅琴編著	250 元
30.	中國少林禪密功	齊飛龍著	200 元
31.	郭林新氣功	郭林新氣功研究所	400 元

・社會人智囊・電腦編號 24

1.	糾紛談判術	清水增三著	160 元
2.	創造關鍵術	淺野八郎著	150 元
3.	觀人術	淺野八郎著	200 元
4.	應急詭辯術	廖英迪編著	160 元
5.	天才家學習術	木原武一著	160 元
6.	貓型狗式鑑人術	淺野八郎著	180 元
7.	逆轉運掌握術	淺野八郎著	180 元
8.	人際圓融術	澀谷昌三著	160 元
9.	解讀人心術	淺野八郎著	180 元
10.	與上司水乳交融術	秋元隆司著	180 元
11.	男女心態定律	小田晉著	180 元

12. 幽默說話術	林振輝編著	200 元
13. 人能信賴幾分	淺野八郎著	180 元
14. 我一定能成功	李玉瓊譯	180 元
15. 獻給青年的嘉言	陳蒼杰譯	180 元
16. 知人、知面、知其心	林振輝編著	180 元
17. 塑造堅強的個性	坂上肇著	180 元
18. 爲自己而活	佐藤綾子著	180 元
19. 未來十年與愉快生活有約	船井幸雄著	180 元
20. 超級銷售話術	杜秀卿譯	180 元
21. 感性培育術	黃靜香編著	180 元
22. 公司新鮮人的禮儀規範	蔡媛惠譯	180 元
23. 傑出職員鍛鍊術	佐佐木正著	180 元
24. 面談獲勝戰略	李芳黛譯	180 元
25. 金玉良言撼人心	森純大著	180 元
26. 男女幽默趣典	劉華亭編著	180 元
27. 機智說話術	劉華亭編著	180 元
28. 心理諮商室	柯素娥譯	180 元
29. 如何在公司崢嶸頭角	佐佐木正著	180 元
30. 機智應對術	李玉瓊編著	200 元
31. 克服低潮良方	坂野雄二著	180 元
32. 智慧型說話技巧	沈永嘉編著	180 元
33. 記憶力、集中力增進術	廖松濤編著	180 元
34. 女職員培育術	林慶旺編著	180 元
35. 自我介紹與社交禮儀	柯素娥編著	180 元
36. 積極生活創幸福	田中真澄著	180 元
37. 妙點子超構想	多湖輝著	180 元
38. 說 NO 的技巧	廖玉山編著	180 元
39. 一流說服力	李玉瓊編著	180 元
40. 般若心經成功哲學	陳鴻蘭編著	180 元
41. 訪問推銷術	黃靜香編著	180 元
42. 男性成功秘訣	陳蒼杰編著	180 元
43. 笑容、人際智商	宮川澄子著	180 元
44. 多湖輝的構想工作室	多湖輝著	200 元
45. 名人名語啓示錄	喬家楓著	180 元
46. 口才必勝術	黃柏松編著	220 元
47. 能言善道的說話術	章智冠編著	180 元
48. 改變人心成爲贏家	多湖輝著	200 元
49. 說服的ＩＱ	沈永嘉譯	200 元
50. 提升腦力超速讀術	齊藤英治著	200 元
51. 操控對手百戰百勝	多湖輝著	200 元
52. 面試成功戰略	柯素娥編著	200 元
53. 摸透男人心	劉華亭編著	180 元
54. 撼動人心優勢口才	龔伯牧編著	180 元
55. 如何使對方說 yes	程　羲編著	200 元

56. 小道理・美好人生	林政峰編著	180 元
57. 拿破崙智慧箴言	柯素娥編著	200 元

・精選系列・電腦編號 25

1. 毛澤東與鄧小平	渡邊利夫等著	280 元
2. 中國大崩裂	江戶介雄著	180 元
3. 台灣・亞洲奇蹟	上村幸治著	220 元
4. 7-ELEVEN 高盈收策略	國友隆一著	180 元
5. 台灣獨立（新・中國日本戰爭一）	森詠著	200 元
6. 迷失中國的末路	江戶雄介著	220 元
7. 2000 年 5 月全世界毀滅	紫藤甲子男著	180 元
8. 失去鄧小平的中國	小島朋之著	220 元
9. 世界史爭議性異人傳	桐生操著	200 元
10. 淨化心靈享人生	松濤弘道著	220 元
11. 人生心情診斷	賴藤和寬著	220 元
12. 中美大決戰	檜山良昭著	220 元
13. 黃昏帝國美國	莊雯琳譯	220 元
14. 兩岸衝突（新・中國日本戰爭二）	森詠著	220 元
15. 封鎖台灣（新・中國日本戰爭三）	森詠著	220 元
16. 中國分裂（新・中國日本戰爭四）	森詠著	220 元
17. 由女變男的我	虎井正衛著	200 元
18. 佛學的安心立命	松濤弘道著	220 元
19. 世界喪禮大觀	松濤弘道著	280 元
20. 中國內戰（新・中國日本戰爭五）	森詠著	220 元
21. 台灣內亂（新・中國日本戰爭六）	森詠著	220 元
22. 琉球戰爭①（新・中國日本戰爭七）	森詠著	220 元
23. 琉球戰爭②（新・中國日本戰爭八）	森詠著	220 元

・運動遊戲・電腦編號 26

1. 雙人運動	李玉瓊譯	160 元
2. 愉快的跳繩運動	廖玉山譯	180 元
3. 運動會項目精選	王佑京譯	150 元
4. 肋木運動	廖玉山譯	150 元
5. 測力運動	王佑宗譯	150 元
6. 游泳入門	唐桂萍編著	200 元
7. 帆板衝浪	王勝利譯	300 元

・休閒娛樂・電腦編號 27

1. 海水魚飼養法	田中智浩著	300 元
2. 金魚飼養法	曾雪玫譯	250 元

3.	熱門海水魚	毛利匡明著	480元
4.	愛犬的教養與訓練	池田好雄著	250元
5.	狗教養與疾病	杉浦哲著	220元
6.	小動物養育技巧	三上昇著	300元
7.	水草選擇、培育、消遣	安齊裕司著	300元
8.	四季釣魚法	釣朋會著	200元
9.	簡易釣魚入門	張果馨譯	200元
10.	防波堤釣入門	張果馨譯	220元
11.	透析愛犬習性	沈永嘉譯	200元
20.	園藝植物管理	船越亮二著	220元
21.	實用家庭菜園ＤＩＹ	孔翔儀著	200元
30.	汽車急救ＤＩＹ	陳瑞雄編著	200元
31.	巴士旅行遊戲	陳羲編著	180元
32.	測驗你的ＩＱ	蕭京凌編著	180元
33.	益智數字遊戲	廖玉山編著	180元
40.	撲克牌遊戲與贏牌秘訣	林振輝編著	180元
41.	撲克牌魔術、算命、遊戲	林振輝編著	180元
42.	撲克占卜入門	王家成編著	180元
50.	兩性幽默	幽默選集編輯組	180元
51.	異色幽默	幽默選集編輯組	180元

・銀髮族智慧學・電腦編號 28

1.	銀髮六十樂逍遙	多湖輝著	170元
2.	人生六十反年輕	多湖輝著	170元
3.	六十歲的決斷	多湖輝著	170元
4.	銀髮族健身指南	孫瑞台編著	250元
5.	退休後的夫妻健康生活	施聖茹譯	200元

・飲食保健・電腦編號 29

1.	自己製作健康茶	大海淳著	220元
2.	好吃、具藥效茶料理	德永睦子著	220元
3.	改善慢性病健康藥草茶	吳秋嬌譯	200元
4.	藥酒與健康果菜汁	成玉編著	250元
5.	家庭保健養生湯	馬汴梁編著	220元
6.	降低膽固醇的飲食	早川和志著	200元
7.	女性癌症的飲食	女子營養大學	280元
8.	痛風者的飲食	女子營養大學	280元
9.	貧血者的飲食	女子營養大學	280元
10.	高脂血症者的飲食	女子營養大學	280元
11.	男性癌症的飲食	女子營養大學	280元
12.	過敏者的飲食	女子營養大學	280元

13. 心臟病的飲食	女子營養大學	280 元
14. 滋陰壯陽的飲食	王增著	220 元
15. 胃、十二指腸潰瘍的飲食	勝健一等著	280 元
16. 肥胖者的飲食	雨宮禎子等著	280 元
17. 癌症有效的飲食	河內卓等著	280 元
18. 糖尿病有效的飲食	山田信博等著	280 元

・家庭醫學保健・電腦編號 30

1. 女性醫學大全	雨森良彥著	380 元
2. 初為人父育兒寶典	小瀧周曹著	220 元
3. 性活力強健法	相建華著	220 元
4. 30 歲以上的懷孕與生產	李芳黛編著	220 元
5. 舒適的女性更年期	野末悅子著	200 元
6. 夫妻前戲的技巧	笠井寬司著	200 元
7. 病理足穴按摩	金慧明著	220 元
8. 爸爸的更年期	河野孝旺著	200 元
9. 橡皮帶健康法	山田晶著	180 元
10. 三十三天健美減肥	相建華等著	180 元
11. 男性健美入門	孫玉祿編著	180 元
12. 強化肝臟秘訣	主婦　友社編	200 元
13. 了解藥物副作用	張果馨譯	200 元
14. 女性醫學小百科	松山榮吉著	200 元
15. 左轉健康法	龜田修等著	200 元
16. 實用天然藥物	鄭炳全編著	260 元
17. 神秘無痛平衡療法	林宗駛著	180 元
18. 膝蓋健康法	張果馨譯	180 元
19. 針灸治百病	葛書翰著	250 元
20. 異位性皮膚炎治癒法	吳秋嬌譯	220 元
21. 禿髮白髮預防與治療	陳炳崑編著	180 元
22. 埃及皇宮菜健康法	飯森薰著	200 元
23. 肝臟病安心治療	上野幸久著	220 元
24. 耳穴治百病	陳抗美等著	250 元
25. 高效果指壓法	五十嵐康彥著	200 元
26. 瘦水、胖水	鈴木園子著	200 元
27. 手針新療法	朱振華著	200 元
28. 香港腳預防與治療	劉小惠譯	250 元
29. 智慧飲食吃出健康	柯富陽編著	200 元
30. 牙齒保健法	廖玉山編著	200 元
31. 恢復元氣養生食	張果馨譯	200 元
32. 特效推拿按摩術	李玉田著	200 元
33. 一週一次健康法	若狹真著	200 元
34. 家常科學膳食	大塚滋著	220 元
35. 夫妻們閱讀的男性不孕	原利夫著	220 元

36. 自我瘦身美容	馬野詠子著	200 元
37. 魔法姿勢益健康	五十嵐康彥著	200 元
38. 眼病錘療法	馬栩周著	200 元
39. 預防骨質疏鬆症	藤田拓男著	200 元
40. 骨質增生效驗方	李吉茂編著	250 元
41. 蕺菜健康法	小林正夫著	200 元
42. 赧於啓齒的男性煩惱	增田豐著	220 元
43. 簡易自我健康檢查	稻葉允著	250 元
44. 實用花草健康法	友田純子著	200 元
45. 神奇的手掌療法	日比野喬著	230 元
46. 家庭式三大穴道療法	刑部忠和著	200 元
47. 子宮癌、卵巢癌	岡島弘幸著	220 元
48. 糖尿病機能性食品	劉雪卿編著	220 元
49. 奇蹟活現經脈美容法	林振輝編譯	200 元
50. Super SEX	秋好憲一著	220 元
51. 了解避孕丸	林玉佩譯	200 元
52. 有趣的遺傳學	蕭京凌編著	200 元
53. 強身健腦手指運動	羅群等著	250 元
54. 小周天健康法	莊雯琳譯	200 元
55. 中西醫結合醫療	陳蒼杰譯	200 元
56. 沐浴健康法	楊鴻儒譯	200 元
57. 節食瘦身秘訣	張芷欣編著	200 元
58. 酵素健康法	楊皓譯	200 元
59. 一天 10 分鐘健康太極拳	劉小惠譯	250 元
60. 中老年人疲勞消除法	五味雅吉著	220 元
61. 與齲齒訣別	楊鴻儒譯	220 元
62. 禪宗自然養生法	費德漢編著	200 元
63. 女性切身醫學	編輯群編	200 元
64. 乳癌發現與治療	黃靜香編著	200 元
65. 做媽媽之前的孕婦日記	林慈姮編著	180 元
66. 從誕生到一歲的嬰兒日記	林慈姮編著	180 元
67. 6 個月輕鬆增高	江秀珍譯	200 元

・超經營新智慧・電腦編號 31

1. 躍動的國家越南	林雅倩譯	250 元
2. 甦醒的小龍菲律賓	林雅倩譯	220 元
3. 中國的危機與商機	中江要介著	250 元
4. 在印度的成功智慧	山內利男著	220 元
5. 7-ELEVEN 大革命	村上豐道著	200 元
6. 業務員成功秘方	呂育清編著	200 元
7. 在亞洲成功的智慧	鈴木讓二著	220 元
8. 圖解活用經營管理	山際有文著	220 元
9. 速效行銷學	江尻弘著	220 元

10. 猶太成功商法	周蓮芬編著	200 元
11. 工廠管理新手法	黃柏松編著	220 元
12. 成功隨時掌握在凡人手中	竹村健一著	220 元
13. 服務・所以成功	中谷彰宏著	200 元

・親子系列・電腦編號 32

1. 如何使孩子出人頭地	多湖輝著	200 元
2. 心靈啓蒙教育	多湖輝著	280 元
3. 如何使孩子數學滿分	林明嬋編著	180 元
4. 終身受用的學習秘訣	李芳黛譯	200 元
5. 數學疑問破解	陳蒼杰譯	200 元

・雅致系列・電腦編號 33

1. 健康食譜春冬篇	丸元淑生著	200 元
2. 健康食譜夏秋篇	丸元淑生著	200 元
3. 純正家庭料理	陳建民等著	200 元
4. 家庭四川菜	陳建民著	200 元
5. 醫食同源健康美食	郭長聚著	200 元
6. 家族健康食譜	東畑朝子著	200 元

・美術系列・電腦編號 34

1. 可愛插畫集	鉛筆等著	220 元
2. 人物插畫集	鉛筆等著	180 元

・勞作系列・電腦編號 35

1. 活動玩具ＤＩＹ	李芳黛譯	230 元
2. 組合玩具ＤＩＹ	李芳黛譯	230 元
3. 花草遊戲ＤＩＹ	張果馨譯	250 元

・元氣系列・電腦編號 36

1. 神奇大麥嫩葉「綠效末」	山田耕路著	200 元
2. 高麗菜發酵精的功效	大澤俊彥著	200 元

・心 靈 雅 集・電腦編號 00

1. 禪言佛語看人生	松濤弘道著	180 元
2. 禪密教的奧秘	葉逯謙譯	120 元

3.	觀音大法力	田口日勝著	120 元
4.	觀音法力的大功德	田口日勝著	120 元
5.	達摩禪 106 智慧	劉華亭編譯	220 元
6.	有趣的佛教研究	葉逯謙編譯	170 元
7.	夢的開運法	蕭京凌譯	180 元
8.	禪學智慧	柯素娥編譯	130 元
9.	女性佛教入門	許俐萍譯	110 元
10.	佛像小百科	心靈雅集編譯組	130 元
11.	佛教小百科趣談	心靈雅集編譯組	120 元
12.	佛教小百科漫談	心靈雅集編譯組	150 元
13.	佛教知識小百科	心靈雅集編譯組	150 元
14.	佛學名言智慧	松濤弘道著	220 元
15.	釋迦名言智慧	松濤弘道著	220 元
16.	活人禪	平田精耕著	120 元
17.	坐禪入門	柯素娥編譯	150 元
18.	現代禪悟	柯素娥編譯	130 元
19.	道元禪師語錄	心靈雅集編譯組	130 元
20.	佛學經典指南	心靈雅集編譯組	130 元
21.	何謂「生」阿含經	心靈雅集編譯組	150 元
22.	一切皆空　般若心經	心靈雅集編譯組	180 元
23.	超越迷惘　法句經	心靈雅集編譯組	130 元
24.	開拓宇宙觀　華嚴經	心靈雅集編譯組	180 元
25.	真實之道　法華經	心靈雅集編譯組	130 元
26.	自由自在　涅槃經	心靈雅集編譯組	180 元
27.	沈默的教示　維摩經	心靈雅集編譯組	150 元
28.	開通心眼　佛語佛戒	心靈雅集編譯組	130 元
29.	揭秘寶庫　密教經典	心靈雅集編譯組	180 元
30.	坐禪與養生	廖松濤譯	110 元
31.	釋尊十戒	柯素娥編譯	120 元
32.	佛法與神通	劉欣如編著	120 元
33.	悟（正法眼藏的世界）	柯素娥編譯	120 元
34.	只管打坐	劉欣如編著	120 元
35.	喬答摩・佛陀傳	劉欣如編著	120 元
36.	唐玄奘留學記	劉欣如編著	120 元
37.	佛教的人生觀	劉欣如編譯	110 元
38.	無門關(上卷)	心靈雅集編譯組	150 元
39.	無門關(下卷)	心靈雅集編譯組	150 元
40.	業的思想	劉欣如編著	130 元
41.	佛法難學嗎	劉欣如著	140 元
42.	佛法實用嗎	劉欣如著	140 元
43.	佛法殊勝嗎	劉欣如著	140 元
44.	因果報應法則	李常傳編	180 元
45.	佛教醫學的奧秘	劉欣如編著	150 元
46.	紅塵絕唱	海　若著	130 元

國家圖書館出版品預行編目資料

狗　教養與疾病／磯部芳郎、杉浦哲監著
劉小惠譯，——初版——臺北市，大展，民86
面；　公分——（休閒娛樂；5）
譯自：犬のしっけと病気
ISBN 957-557-777-9（平裝）
1. 犬－飼養 2.犬－疾病與防治
437.664　　86013973

INU NO SITSUKE TO BYOUKI
Copyright © IKEDA SHOTEN PUBLISHING CO., LTD
Originally published in Japan in 1995 by IKEDA SHOTEN PUBLISHING CO., LTD
Chinese translation rights arranged through KEIO CULTURAL ENTERPRISE CO., LTD

版權仲介：京王文化事業有限公司

【版權所有・翻印必究】

狗教養與疾病　ISBN 957-557-777-9

監 著 者／磯部芳郎、杉浦哲
編 譯 者／劉 小 惠
發 行 人／蔡 森 明
出 版 者／大展出版社有限公司
社　　址／台北市北投區（石牌）致遠一路 2 段 12 巷 1 號
電　　話／（02）28236031・28236033・28233123
傳　　真／（02）28272069
郵政劃撥／01669551
E - mail／dah-jaan@ms9.tisnet.net.tw
登 記 證／局版臺業字第 2171 號
承 印 者／高星印刷品行
裝　　訂／日新裝訂所
排 版 者／千兵企業有限公司
初版 1 刷／1997 年（民 86 年）11 月
初版 2 刷／2001 年（民 90 年） 4 月

定價／220 元

●本書若有破損、缺頁敬請寄回本社更換●

大展好書 好書大展

大展好書　好書大展